CLIP STUDIO
PAINT PRO
クリップスタジオペイント プロ

公式ガイドブック

株式会社セルシス 監修

エムディエヌコーポレーション

● 商標表示について
・CELSYS、CLIP STUDIO PAINT、CLIP STUDIOは株式会社セルシスの商標または登録商標です。
・Microsoft、Windowsは、米国 Microsoft Corporationの米国および他の国における商標または登録商標です。
・Apple、Mac、Macintosh、macOSは、米国 Apple Computer,Inc.の米国およびその他の国における商標または登録商標です。
・その他の商品名は各社の商標または登録商標です。
・本書においてはTM、Ⓡ、Ⓒマークは省略してあります。

● 免責事項
・誌面掲載の画面はスクリーンショットによるものです。ソフトウェアから書き出したものではないため、モアレが発生したり、実際の色と異なったりする場合があります。
・本書の出版にあたっては正確な記述に努めておりますが、ご利用のPC環境、デバイス、OS、ソフトのバージョンの違いなどによって再現性が異なる場合があります。
・誌面掲載の情報は本書制作時のものです。最新の動作環境、アップデートに関してはメーカーのウェブサイトでご確認ください。

はじめに

この度は『CLIP STUDIO PAINT PRO 公式ガイドブック』をお買い上げいただきありがとうございます。

CLIP STUDIO PAINT PROは、低価格でありながらさまざまなニーズに応える性能を持ち、プロのクリエイターも愛用するとても優秀なソフトウェアです。
有名なイラスト投稿サイト「pixiv」ではシェアNo.1を誇り、いま最も使われているペイントツールだと言っても言い過ぎではないでしょう。最近ではiPad版もリリースされたことで、ユーザーの数はますます増えています。

本書は、プロの作例による「ビギナーにも使える」指南書を目指してまとめられました。
基本的な使い方はもちろん、線画や彩色のテクニック、合成モードの効果的な使い方、加工方法など、プロのテクニックにせまる実践的なイラスト制作の手順を解説しています。
また、マンガ制作のためのツールや、アニメーション機能のほか、シームレスなパターン、ロゴの作例など、デザインワークに役立つ解説なども盛り込みました。

本書を手にとっていただいた皆様の創作活動に、少しでも役立つことができたら幸いです。

スタッフ一同

CONTENTS

はじめに 003
操作表記について／データのダウンロードについて 006
よく使うショートカットキー一覧 169
索引 170

BASIC　CLIP STUDIO PAINT PROの基本

- 01　CLIP STUDIO PAINT PRO とは? ……………………………… 008
- 02　準備しよう ……………………………………………………… 010
- 03　インターフェース ……………………………………………… 012
- 04　パレットの操作 ………………………………………………… 014
- 05　新規キャンバスの作成 ………………………………………… 016
- 06　ファイルの保存と書き出し …………………………………… 018
- 07　ツールの基本 …………………………………………………… 020
- 08　操作を取り消す ………………………………………………… 025
- 09　レイヤーの基本 ………………………………………………… 026
- 10　描画色の選択 …………………………………………………… 030
- 11　キャンバス表示の操作 ………………………………………… 032
- 12　選択範囲の基本 ………………………………………………… 034
- 13　画像を変形する ………………………………………………… 038
- 14　イラストができるまで ………………………………………… 042
- 15　マンガができるまで …………………………………………… 046

CHAPTER 1　線画を描く

- 01　線画用のツールを選ぼう ……………………………………… 052
- 02　ブラシの設定を調整しよう …………………………………… 054
- 03　下描きの設定 …………………………………………………… 058
- 04　線画のテクニック ……………………………………………… 060
- 05　ベクターレイヤーの活用 ……………………………………… 062
- 06　定規できれいな形を描く ……………………………………… 066
- 07　紙に描いた線画を読み込む …………………………………… 068

CHAPTER 2　塗りのテクニック

- 01　下塗りのテクニック …………………………………………… 072
- 02　塗り残しに塗るテクニック …………………………………… 076
- 03　塗った色を変更する …………………………………………… 078
- 04　パーツ分けとクリッピング …………………………………… 080
- 05　キャラクターの下地を作る …………………………………… 081
- 06　影塗りのテクニック …………………………………………… 082
- 07　光を描くテクニック …………………………………………… 084
- 08　きれいな肌の塗り方 …………………………………………… 086
- 09　華やかな瞳にするテクニック ………………………………… 088
- 10　美しいツヤのある髪を塗る …………………………………… 090
- 11　背景にグラデーションを入れる ……………………………… 092

CHAPTER 3　水彩塗りと厚塗り

- 01　水彩塗り：ツールの基本 ……………………………………………… 094
- 02　水彩塗り：色を混ぜながら塗る ……………………………………… 098
- 03　水彩塗り：にじみを表現する ………………………………………… 100
- 04　水彩塗り：絵の具だまりを表現する ………………………………… 102
- 05　水彩塗り：テクスチャで質感を出す ………………………………… 104
- 06　厚塗り：ツールの基本 ………………………………………………… 106
- 07　厚塗り：風景を描く …………………………………………………… 108

CHAPTER 4　画像の加工

- 01　色調補正で色みを調整する …………………………………………… 112
- 02　合成モードで色と光を演出 …………………………………………… 114
- 03　グロー効果でイラストを輝かせる …………………………………… 116
- 04　ぼかしフィルターで遠近感を出す …………………………………… 117
- 05　継ぎ目のないパターンを作る ………………………………………… 118
- 06　ベジェ曲線でハートを描く …………………………………………… 120
- 07　対称定規でレース模様を描く ………………………………………… 122
- 08　写真のトーン化によるデザイン処理 ………………………………… 124
- 09　文字や写真を加工したロゴデザイン ………………………………… 126

CHAPTER 5　マンガを描く

- 01　コマ割り機能でコマを割る …………………………………………… 132
- 02　フキダシを作る ………………………………………………………… 136
- 03　流線と集中線を描く …………………………………………………… 140
- 04　トーンを貼る …………………………………………………………… 142

CHAPTER 6　覚えておきたい便利な機能

- 01　3Dデッサン人形を操作する …………………………………………… 148
- 02　パース定規で背景を描く ……………………………………………… 152
- 03　クイックマスクから選択範囲を作成 ………………………………… 156
- 04　うごくイラストを作る ………………………………………………… 158
- 05　印刷用データにプロファイルを設定する …………………………… 162
- 06　よく使う機能を集めたパレットを作る ……………………………… 164
- 07　ショートカットのカスタマイズ ……………………………………… 166
- 08　オートアクションで操作を記録 ……………………………………… 168

COLUMN

iPad版で覚えておきたい操作 ……………………………………………… 40
線が描けなくなったときは ………………………………………………… 70

操作表記について

本書の操作表記はWindowsに準じて記載しています。macOSを利用している場合は右記の表に合わせて読み替えてください。またmacOS／iPad版では、Windowsの［ファイル］メニューと［ヘルプ］メニューの一部の項目が、［CLIP STUDIO PAINT］メニューに含まれている場合があります。macOS／iPad版でメニューの項目が見当たらない場合は［CLIP STUDIO PAINT］メニューを確認しましょう。

Windows	macOS
Altキー	Optionキー
Ctrlキー	Commandキー
Enterキー	Returnキー
Backspaceキー	Deleteキー
マウスボタンを右クリック	Controlキーを押しながらマウスボタンをクリック

データのダウンロードについて

一部の作例については、制作過程がわかるレイヤー付き画像データを、以下のURLよりダウンロードできます。

※画像データをダウンロードできる作例は、完成画像に右記アイコンが表示してあります。
　また、章冒頭の扉ページには、その章で画像データをダウンロードできる作例がまとめて示してあります。

https://books.mdn.co.jp/down/3218303009/

- ダウンロードデータは、本書の解説内容をご理解いただくために、ご自身で試される場合にのみ使用できる参照用データです。その他の用途での使用や配布などは一切できませんので、あらかじめご了承ください。

- ダウンロードデータをご利用いただくには、WindowsまたはmacOSを搭載したパソコンと、CLIP STUDIO FORMAT（拡張子：clip）形式が読み込みできるソフトウェアが必要です。

ご注意

※ダウンロードしたデータの著作権は、すべて著作権者に帰属します。学習のために個人で利用する以外は一切利用が認められません。

※複製・譲渡・配布・公開・販売に該当する行為、著作権を侵害する行為については、固く禁止されていますのでご注意ください。

※弊社ウェブサイトからダウンロードできるサンプルデータを実行した結果については、著者および株式会社エムディエヌコーポレーションは一切の責任を負いかねます。お客様の責任においてご利用ください。

BASIC

01
↓
15

CLIP STUDIO PAINT
PROの基本

ここではCLIP STUDIO PAINTの基本を理解するため、その性能や基礎的な操作などを紹介していく。

01 **CLIP STUDIO PAINT PROとは？**
02 **準備しよう**
03 **インターフェース**
04 **パレットの操作**
05 **新規キャンバスの作成**
06 **ファイルの保存と書き出し**
07 **ツールの基本**
08 **操作を取り消す**
09 **レイヤーの基本**
10 **描画色の選択**
11 **キャンバス表示の操作**
12 **選択範囲の基本**
13 **画像を変形する**
COLUMN　**iPad版で覚えておきたい操作**
14 **イラストができるまで**
15 **マンガができるまで**

BASIC 01

CLIP STUDIO PAINT PROの基本
CLIP STUDIO PAINT PROとは？

まずはCLIP STUDIO PAINTの特徴について知っておこう。

多機能なペイントツール

CLIP STUDIO PAINTはイラスト・マンガを制作するためのすべての機能を備えている。その特徴を見ていこう。

どんな画風でもOK

ブラシツールは、設定次第で好みの描き心地に調整が可能。多種多様なツールを使ってアニメ、ゲームイラスト、水彩画、油彩画など、どんな画風のイラストも描くことができる。ペンやブラシの素材をダウンロードしたり、テクスチャをストロークに反映させたりと拡張性も非常に高い。
また、コマ割り、フキダシ、集中線、背景を描くためのパース定規などが用意されているため、マンガを描くツールとしても強力なものとなっている。

リアルな描き心地

ペンは、繊細な筆圧感知により、リアルでなめらかな描き心地が実現されている。また、線のブレを抑える［手ブレ補正］や、線の強弱をあらかじめ設定できる［入り］［抜き］の機能など、美しい線を描くための支援機能も充実している。

多様な定規で作画がラクになる

遠近法を利用した作画に使う「パース定規」、模様を描くのに便利な「対称定規」や「放射定規」など多様な定規が用意されており、イラスト・マンガのみならずデザインワークでも活躍できる。

アニメ塗り

水彩塗り

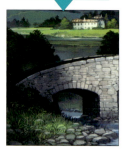
厚塗り

アニメ塗り、水彩塗り、厚塗りなど、どんな画風のイラストもCLIP STUDIO PAINTなら描くことが可能。

描いた後でも自由に編集

線画をベクターレイヤーで描画すれば、画像を劣化させずに、線の太さや画像の大きさを、納得いくまで編集することができる。ペンや鉛筆、筆ツールなど、ほとんどのブラシツールがベクターレイヤーに対応している。

→ 3D素材による作画支援

3Dデッサン人形を下絵にすることで、苦手なポーズも楽に描くことができる。3Dデッサン人形は体型も自由に調整できるため、さまざまなキャラクターに対応。関節の可動範囲は人間と同じなので自然なポーズを作りやすい。「ピースサイン」など細かな手のポーズも問題なく決めることができる。

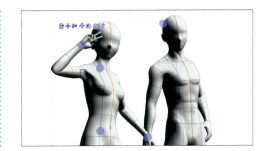

投稿型の学べるサイト CLIP STUDIO TIPS

「CLIP STUDIO TIPS」（https://tips.clip-studio.com/ja-jp/）は、描き方のテクニックなどを学べる投稿型のサイト。ポータルアプリケーション「CLIP STUDIO」の［教える＆学ぶ］ボタンから、CLIP STUDIO TIPSにアクセスできる。プロのメイキング講座など、さまざまな解説が公開されているため、初心者から上級者まで、役立つ情報が必ずあるはず。ぜひチェックしてみよう。

わからなかったら聞いてみよう CLIP STUDIO ASK

「CLIP STUDIO ASK」ではCLIP STUDIO PAINTに関する質問と回答が投稿されている。
操作について疑問が出てきたら検索フォームにキーワードを入れて、同じような話題がないか探してみるとよい。見つからないときは［質問する］から聞いてみよう。

［質問＆回答］から「CLIP STUDIO ASK」にアクセスできる。

質問するにはポータルアプリケーション「CLIP STUDIO」（→P.11）にログインする必要がある。アカウントを持っていない場合は［ログイン］→［アカウント登録］で登録しよう。

BASIC

02 準備しよう

CLIP STUDIO PAINT PROの基本

CLIP STUDIO PAINTをインストールする手順と、起動する方法を見ていこう。

ソフトウェアのインストール（PC版）

まずはインストールが必要だ。インストール用画面の指示に従って進めていこう。

1 ダウンロードしたインストーラはブラウザから起動できる。インターネットエクスプローラーの場合は下部に表示される［実行］をクリックする。

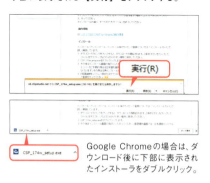

Google Chromeの場合は、ダウンロード後に下部に表示されたインストーラをダブルクリック。

2 インストールウィザードが表示される。［言語の選択］では必ず［日本語］を選ぶ。ほかの言語を選んでしまうと取得したシリアルキーが無効になるので注意しよう。

3 画面の指示に従って進めていき、インストール準備完了の画面で［インストール］をクリックするとインストールが開始される。

POINT
▶ パッケージ版を購入した場合も、ウェブで「クリップスタジオ　ダウンロード」等で検索し、インストーラをダウンロードすると最新版をインストールできる。

 iPad版もチェック

CLIP STUDIO PAINTはiPad版も販売しておりPC版と連携ができる（購入は別途）。iPad版で覚えておきたい操作→P.40

CLIP STUDIO PAINTの起動

CLIP STUDIO PAINTは、ポータルアプリケーション「CLIP STUDIO」から起動しよう。

1 インストールが完了するとCLIP STUDIOのショートカットがデスクトップに表示される。ダブルクリックで起動しよう。

CLIP STUDIOのショートカットをダブルクリック。

010

2 CLIP STUDIOから、[PAINT]をクリックすると、CLIP STUDIO PAINTが起動する。

 CLIP STUDIOとは?

CLIP STUDIOは、PAINTをはじめとするCLIP STUDIOシリーズソフトウェア付属のポータルアプリケーション。素材を探したり、アップデートや使い方の最新情報などを、すぐに確認したりできる。

PAINTをクリック。

素材が見つかるASSETS

CLIP STUDIOの[素材をさがす]より、CLIP STUDIO ASSETS(以下ASSETS)を開くことができる。ASSETSではユーザーが公開したさまざまな素材をダウンロード可能だ。創作活動に役立つ素材を見つけよう。

1 CLIP STUDIOを起動し、[素材をさがす]をクリック。

3 タイトルをクリックすると詳細が表示される。欲しい素材は[ダウンロード]をクリックしよう。

2 ASSETSが開く。表示される素材は膨大なため、[Search]とある検索フォームにキーワードを入れて数を絞ろう。

検索フォーム

4 ダウンロードした素材はCLIP STUDIO PAINTの[素材]パレット→[ダウンロード]にある。

※ASSETSで素材をダウンロードするにはCLIP STUDIOへのユーザー登録(無料)が必要だ。上部メニューの[ログイン]→[アカウント登録]を押すとブラウザが立ち上がりユーザー登録ができる画面に移行する。

03 インターフェース

CLIP STUDIO PAINT PRO の基本

ここではソフトウェアの操作画面を見ていこう。

基本インターフェースと各部名称

下の画像は初期設定のインターフェース。各パレットの位置を把握しておくとよい。

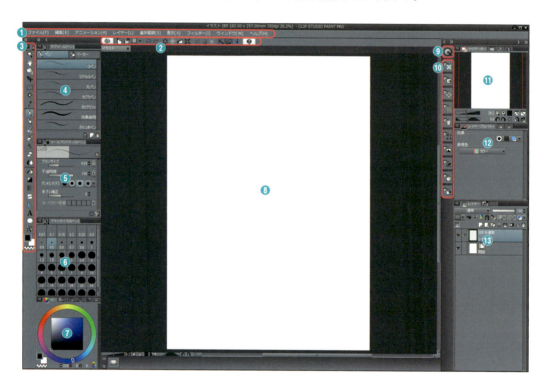

❶ メニューバー
ファイルの作成や保存、画像の読み込みなどを行う。

❷ コマンドバー
各種操作をすばやく実行できるボタンが用意されている。

❸ ツールパレット
各種ツールを選択するボタンが並ぶ。

❹ サブツールパレット
ツールごとにサブツールが用意されている。

❺ ツールプロパティパレット
サブツールの設定を変更できる。

❻ ブラシサイズパレット
描画系ツールのブラシサイズを変えられる。

❼ カラーサークルパレット
描画色を作成する。

❽ キャンバス
絵を描くための用紙。

❾ クイックアクセスパレット
クリックすると［クイックアクセス］パレットが開く。よく使うツールや描画色を登録すれば、ワンクリックで使用することが可能。

❿ 素材パレット
クリックすると［素材］パレットが開く。さまざまな素材が用意されておりダウンロードした素材も管理できる。

⓫ ナビゲーターパレット
キャンバスの表示を変更できる。

⓬ レイヤープロパティパレット
レイヤーの表現色など、各種設定を編集する。

⓭ レイヤーパレット
レイヤーの管理を行う。

→ コマンドバーの各部名称

❶ CLIP STUDIOを開く
❷ 新規
❸ 開く
❹ 保存
❺ 取り消し
❻ やり直し
❼ 消去
❽ 選択範囲外を消去
❾ 塗りつぶし
❿ 拡大・縮小・回転
⓫ 選択を解除
⓬ 選択範囲を反転
⓭ 選択範囲の境界線を表示
⓮ 定規にスナップ
⓯ 特殊定規にスナップ
⓰ グリッドにスナップ
⓱ CLIP STUDIO PAINT サポート

 タッチ操作用のインターフェース

［ファイル］メニュー→［環境設定］→［インターフェース］→［タッチ操作設定］で、Windows8以降のタッチ操作に最適化された画面に変更できる。タブレットPCの場合、初めからタッチ操作に最適化されたインターフェースで表示される場合がある。その場合は下記のiPad版のインターフェースを参照するとよい。

☞ iPad版のインターフェース

iPad版では、狭いタブレット画面でも描画領域を広くとれるように、各パレットがボタンをタップするとポップアップで表示されるようになっている。

各部名称

❶ ツールパレット
❷ クイックアクセスパレット
❸ サブツールパレット
❹ ツールプロパティパレット
❺ ブラシサイズパレット
❻ カラーサークルパレット
❼ カラーセットパレット
❽ カラーヒストリーパレット
❾ レイヤープロパティパレット
❿ レイヤーパレット
⓫ 素材パレット
⓬ コマンドバー
⓭ エッジキーボード
　左右いずれかの端からキャンバスの方向に指でスワイプすると表示される。修飾キーの使用や、ショートカットの実行ができる。

基本的な機能は変わらないが、タッチ操作を前提にしたインターフェースになっている。[CLIP STUDIO PAINT]メニュー→[環境設定]→[インターフェース]→[レイアウト]で、[パレットの基本レイアウトをタブレットに適した構成にする]のチェックを外すとPC版と同じインターフェースで使用できる。

BASIC 04 | CLIP STUDIO PAINT PROの基本
パレットの操作

機能ごとに分けられたパレット類は、使いやすいように配置を変更できる。

パレットのレイアウトを変更する

パレットは位置や幅を変更できる。変更したパレットの配置は保存することも可能だ。

→ パレットの移動

パレットを移動するにはタイトルバーをつかむようにドラッグする。
パレットドック（複数のパレットを収めたフレーム）からパレット単体を独立させることもできる。

タイトルバー

→ パレット幅の調整

パレットの幅はパレットやパレットドックの端をドラッグして調整する。

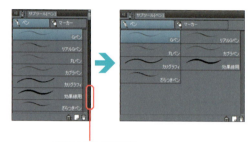

端をつかんで広げる

→ 隠れたパレットの表示

重なっているパレットはタイトルバーのタブをクリックすると表示が切り替わる。

タブ

💡 パレットを探す

表示中のパレットは［ウィンドウ］メニューを開いたときにチェックが入っている。目的のパレットが見つからないときは、［ウィンドウ］メニューを確認してみるとよい。

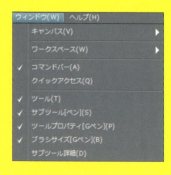

↷ パレットを隠す

［パレットドックの最小化］をクリックすると、パレットを隠すことができる。

パレットドックの最小化

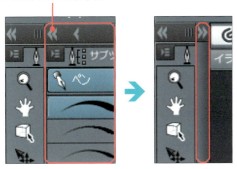

↷ パレットのアイコン化

［パレットドックのアイコン化］をクリックすると、各パレットがボタンのように表示される。

パレットドックのアイコン化

↷ パレットの配置を保存

変更したパレット配置は、［ウィンドウ］メニュー→［ワークスペース］→［ワークスペースを登録］を選択し［OK］を押すと保存することができる。

↷ パレットの配置を初期状態に戻す

パレットの配置を初期状態に戻したいときは、［ウィンドウ］メニュー→［ワークスペース］→［基本レイアウトに戻す］を選択する。

> 💡 **すべてのパレットの隠し方**
>
> Tabキーを押すとすべてのパレットを隠すことができる。元に戻すには再度Tabキーを押す。

☞ メニュー表示

パレットの上部からパレット固有のメニューを表示できるので、確認しておくとよいだろう。

BASIC 05 | 新規キャンバスの作成

CLIP STUDIO PAINT PROの基本

キャンバスはイラストやマンガを描くための原稿用紙。その設定方法を見ていこう。

 新規キャンバスの設定

新規キャンバスは［ファイル］メニュー→［新規］から作成する。作品の用途に応じて設定しよう。

- イラスト
- コミック
- すべてのコミック設定を表示
- アニメーション
- サイズの単位を指定

❶作品の用途
イラストの場合は［作品の用途］で［イラスト］を、マンガなら［コミック］もしくは［すべてのコミック設定を表示］を選択する。

❷プリセット
プリセット（あらかじめ用意された設定）を選べる。

❸サイズの指定
［単位］でサイズの単位を決め、［幅］［高さ］に数値を入れてキャンバスのサイズとする。［B4］や［A4］などの規定のサイズから選択することができる。

❹解像度
［解像度］を入力する。解像度とは1インチに入るピクセル（コンピュータで画像を扱う際の最小単位）の数を決める度合いで、値が大きいほど画像は精細になる。ただし精細すぎるとファイルが重くなり作業しにくくなる。

❺基本表現色
［基本表現色］では、色の基準を決める。カラーイラストなら［カラー］を選び、印刷用の白黒マンガなら［モノクロ］を選択する。

❻用紙色
用紙の色を変更できる。

❼テンプレート
マンガのコマ割りなどのテンプレートを選べる。

❽うごくイラストを作る
「うごくイラスト」用の設定が表示される。［セルの枚数］（最大24枚）と［フレームレート］（この場合1秒間のフレーム数を決める値）を設定する。

適切な解像度を覚えよう

ここで設定する解像度は、印刷したときの画像の精細さを決めるもの。印刷用に適切な解像度は下記の通り。

印刷で適切な解像度
カラー　　350dpi
モノクロ　600、もしくは1200dpi

コンピューター上で扱う画像は総ピクセル数で画質を決めるため、ウェブ用の画像を作るときは［単位］を［px］（ピクセル）にしてピクセル数でサイズを決めるとよい。総ピクセル数が同じであれば、解像度をいくつにしても画像の精細さは変わらないが、ウェブ用の画像は一般的に72dpiにすることが多い。

コミック設定

[作品の用途］で選択できる［コミック］は印刷を前提とした設定になる。

❶製本（仕上がり）サイズ
印刷物になったときの仕上がりサイズを指定する。印刷用の原稿用紙にはトンボというガイド線が必要になるため、［製本（仕上がり）サイズ］をA4にした場合、キャンバスはA4より大きくなる。

❷裁ち落とし幅
断裁部分からどこまではみ出して絵を描くかの目安となる。

❸解像度
白黒マンガ（モノクロ）は600dpiか1200dpiが一般的。

❹基本表現色
白黒マンガなら［モノクロ］を選ぶ。

❺基本線数
塗りをトーン（網点）にするときの基準となる線数。

すべてのコミック設定を表示

［作品の用途］で［すべてのコミック設定を表示］を選ぶと、［基本枠（内枠）］の大きさや位置が設定できる。

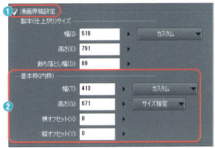

❶漫画原稿設定
チェックを入れるとマンガ原稿用紙の設定が表示される。

❷基本枠（内枠）
［サイズ指定］［マージン指定］から設定方法を選択できる。［サイズ指定］では基本枠のサイズを指定し［横（縦）オフセット］で位置を調整する。［マージン指定］は基本枠から仕上がり線までの間隔（マージン）を指定する。

マンガ原稿用紙の基礎知識

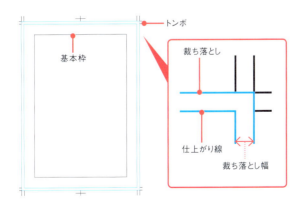

裁ち落とし
紙からはみ出すように描きたい場合は裁ち落としの線まで描く。

仕上がり線
製本（仕上がり）サイズで設定したサイズを表す。印刷時には、この線で裁断される。

裁ち落とし幅
仕上がり線から裁ち落としまでの幅。

基本枠
コマを配置するためのガイド線を指す。通常はこの枠に収まるようにコマを配置する。

アニメーション設定

［作品の用途］→［アニメーション］ではアニメーション機能を使ったアニメ制作が可能。また［アニメーション］以外の［作品の用途］でもアニメーション機能を使い「うごくイラスト」を作ることができる。

アニメーション機能の使い方→P.158（「うごくイラストを作る」）

BASIC 06 | CLIP STUDIO PAINT PROの基本
ファイルの保存と書き出し

ファイルの保存方法と書き出し可能なファイル形式について知っておこう。

保存

［ファイル］メニュー→［保存］でファイルを保存できる。基本はCLIP STUDIO FORMAT形式で保存する。

CLIP STUDIO FORMAT
CLIP STUDIO FORMAT形式は、CLIP STUDIO PAINTの、レイヤー情報などを完全な形で保存することができる標準的な保存形式だ。拡張子は［.clip］。

別名で保存／複製を保存

→ 別名で保存

［別名で保存］は、編集中のファイルの名称や画像形式を変えて保存できる。

 上書き保存に気をつけよう

JPEGやPNGなど、CLIP STUDIO FORMAT以外の画像形式を開いている場合、レイヤーを使って編集して［保存］すると、レイヤーなどの情報は消えてしまう。このようなときは、［別名で保存］などから［CLIP STUDIO FORMAT］で保存するようにしよう。

→ 複製を保存

［複製を保存］は、編集中のファイルを複製して保存できる。［ファイル］メニュー→［複製を保存］→［(任意の画像形式)］の選択により、手早く別の画像形式でファイルの複製を保存可能だ。

［別名で保存］後は、キャンバスには［別名で保存］したファイルが開かれた状態になる。対して［複製を保存］後のキャンバスでは、元々のファイルが引き続き開いた状態になっている。開いているファイルの名前をよく確認しておこう。

CLIP STUDIO PAINTで扱える画像形式

CLIP STUDIO PAINTで保存、または開くことができる画像形式について知っておこう。

.jpg（JPEG）	JPEG形式は写真などでよく使われる画像形式。圧縮して容量を軽くできるが画質が劣化する可能性がある。ネットワーク上でファイルをやりとりする際など使用頻度が高い。
.png（PNG）	PNG形式はウェブでよく使われる画像形式で、圧縮保存されている。画質は比較的よいがJPEGほど容量は軽くはならない。透過画像を作成できるのも特徴的。
.tif（TIFF）	TIFF形式は高い画質を保って圧縮保存できる画像形式で、印刷物などで使用されることが多い。
.tga（TGA）	TGA形式はアニメやゲームの業界でやりとりされることの多い画像形式。
.psd（Photoshopドキュメント）	Adobe Photoshopの標準形式。レイヤーを保持して保存できるが、レイヤーの種類によってはラスタライズされる。また一部の合成モードが変更されるなど残せない機能もある。
.psb（Photoshopビッグドキュメント）	幅か高さのどちらかが30000ピクセルを超える大容量ファイルに対応したAdobe Photoshopの形式。

用途に応じた画像形式

ウェブ用の画像ならJPEGやPNGがよく使われる形式だろう。印刷業界ではAdobe製品のソフトウェアが普及しているので、同人誌の入稿データはPhotoshopドキュメント形式を求められる場合が多い。またPhotoshopドキュメント、Photoshopビッグドキュメント、TIFF、JPEGでは印刷に適したCMYKの設定が可能だ。

画像を統合して書き出し

[画像を統合して書き出し]は、レイヤーを統合し、詳細な書き出し設定を指定して書き出せる。

❶プレビュー
書き出し時に出力後の画像をプレビュー表示で確認できる。

❷JPEG設定
[.jpg]で書き出すときに表示される。[品質]の値が高いほど、圧縮率が低くなり画像がきれいになる。

❸出力イメージ
テキストやトンボなどを出力したい場合に設定する。[テキスト]はテキストレイヤー、[下描き]は下描きレイヤーのこと。

❹カラー
[表現色]で、画像のカラー形式を決める。
・最適な色深度を自動判別
　各レイヤーの表現色から自動判別してカラー形式を決定する。
・モノクロ2階調（閾値）／（トーン化）
　白と黒の2階調にする。（閾値）と（トーン化）があるが、これはグレーやカラーを白と黒に変換するときの基準だ。（閾値）は色の濃度に応じて黒か白にする。（トーン化）はグレーになる部分をトーン（網点）にする。
・グレースケール
　白・黒・グレーからなるカラー形式。
・RGB／CMYK
　カラーのときはRGBかCMYKを選ぶ。RGBはパソコンのモニターなどで使われる色の表現方法。印刷物の場合はCMYKを選択する。

❺出力サイズ
画像を拡大・縮小して書き出す場合は変更する。等倍で書き出す場合は設定しなくてもよい。

❻拡大縮小時の処理
画像サイズを変えて書き出す際の処理方法を選択する。

BASIC 07 | CLIP STUDIO PAINT PROの基本
ツールの基本

ここではツールの選択や、設定するときの手順、使用するパレットについて解説する。

ツール選択と設定の流れ

それぞれのツールには、サブツールが用意されている。基本的な設定は［ツールプロパティ］パレットで行う。

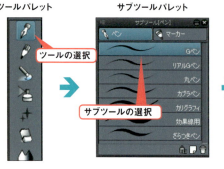

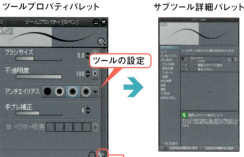

サブツールの選択
［ツール］パレットでツールを選ぶと［サブツール］パレットにサブツールが表示される。たとえば［ペン］ツールには、さまざまなタイプのペン・マーカーのサブツールがある。

設定するパレット
サブツールは、［ツールプロパティ］パレットで基本的な設定を調整する。さらに細かな設定は［サブツール詳細］パレットで行うことができる。

ツールパレット

［ツール］パレットには、ツールを選ぶツールボタンと描画色が表示されたカラーアイコンがある。

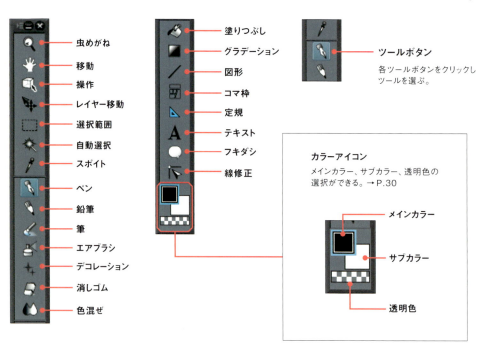

👉 サブツールパレット

［サブツール］パレットでは、各ツールのサブツールがリスト表示されている。

❶ **メニュー表示**
［サブツール］パレットのメニューを表示。

❷ **サブツールグループ**
サブツールがグループごとにまとめられクリックで切り替えられる。

❸ **サブツール素材を読み込み**
ダウンロードした素材などをサブツールに追加できる。

❹ **サブツールの複製**
サブツールを複製する。

❺ **サブツールの削除**
サブツールを削除する。

ストローク

タイル

テキスト

サブツールの表示方法を変更
［ペン］や［鉛筆］などのサブツールは、［サブツール］パレットのメニュー→［表示方法］よりサブツールの表示方法を［タイル］などに変更できる。

→ よく使うツール／サブツール

操作
［操作］ツール→［オブジェクト］は、ベクターレイヤーの線や画像素材レイヤーの素材、テキストレイヤーのテキストなど、さまざまなものを編集できるサブツール。

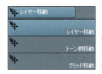

レイヤー移動
［レイヤー移動］は、レイヤーに描画されたものを移動するときに使用する。

選択範囲
［選択範囲］ツールには、選択範囲を作成するときに使用するサブツールが用意されている。

自動選択
クリックした箇所の色を基準に選択範囲を作成する［自動選択］ツールのサブツール。

ペン（ペン／マーカー）
［ペン］ツールにはさまざまなペンのサブツールがある。試し書きをして気に入ったペンを見つけよう。［マーカー］グループには［ミリペン］や［マジック］などがある。

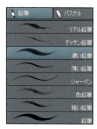 

鉛筆（鉛筆／パステル）

[リアル鉛筆]や[濃い鉛筆]など、[鉛筆]ツールも種類が豊富。アナログ風の描画にも対応できる。[パステル]には[チョーク]や[クレヨン]など粒子の粗いブラシツールがある。

筆（水彩／油彩／墨）

[筆]ツールには、性質の違いから[水彩][油彩][墨]でグループ分けされている。イラストの彩色では[不透明水彩]や[透明水彩]、[油彩]、[油彩平筆]などが使いやすいだろう。

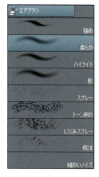

エアブラシ

[エアブラシ]ツールで使用頻度が高いのは、自然なグラデーションを作りながらソフトな塗りができる[柔らか]だ。

消しゴム

描いたものを消す[消しゴム]ツールでは、[硬め]がクセがなく使いやすい。ベクターレイヤー専用の[ベクター用]も便利だ。

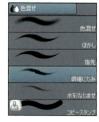

色混ぜ

[色混ぜ]ツールには、キャンバス上の隣り合う色同士をなじませるためのサブツールがある。

塗りつぶし

[塗りつぶし]ツールはクリックした箇所の色を基準に塗りつぶし範囲を決めるが、サブツールによって参照先が違う。

図形

直線や長方形、楕円など、図形を作成できるサブツール。[流線][集中線]グループのサブツールはマンガの効果線を描ける。

定規

[定規]ツールの[直線定規]などは目盛りの設定も可能。[パース定規][対称定規]も使い方を覚えると便利。

コマ枠

[コマ枠]ツールはマンガのコマを作成するサブツールが揃う。

フキダシ

[フキダシ]ツールはセリフを入れるフキダシを作成するサブツールがある。

ツールプロパティパレット

サブツールの基本的な設定は［ツールプロパティ］パレットで行う。

❶ストロークビュー
ブラシツールで描画した場合の見本が表示される。

❷ロック
サブツールの設定を保存できる。ロック状態のサブツールは、［ツールプロパティ］パレットなどで各種設定を変更しても、一度違うサブツールに持ち替えてから再度選択すると、ロックした時点の設定に戻る。

❸初期設定に戻す
各設定が初期設定に戻る。

❹サブツール詳細パレットを表示
クリックすると［サブツール詳細］パレットが開く。

スライダー表示

インジケーター表示

設定値の変更方法
設定値はスライダーかインジケーターを動かすことで変更できる。右クリックからスライダー表示とインジケーター表示を切り替えられる。

サブツール詳細パレット

［サブツール詳細］パレットでは、［ツールプロパティ］パレットよりもさらに詳細な設定を行うことができる。

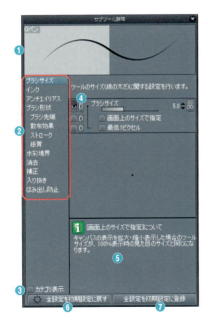

❶ストロークビュー
ブラシツールのストロークが表示される。

❷カテゴリー
設定したい項目のカテゴリーを選択する。

❸カテゴリ表示
オンにすると、［ツールプロパティ］パレットに、カテゴリー名と区切り線が表示される。

❹ツールプロパティに表示する
目のアイコンを表示させた設定項目は［ツールプロパティ］パレットにも表示される。

❺情報表示
設定についての解説が表示される。

❻全項目を初期設定に戻す
すべての項目を初期設定に戻す。

❼全設定を初期設定に登録
変更した設定を初期設定として登録する。

ダウンロードしたサブツールを使う

ASSETSでは、サブツールの素材もたくさんアップロードされている。ダウンロードして使ってみよう。

1 CLIP STUDIOで[素材をさがす]をクリックしASSETSを表示させる。

2 [詳細]をクリックすると種類などの一覧が表示されるので[ブラシ]を選択。ほかに条件があれば検索フォームにキーワードを入力して探すとよい。

3 表示された一覧から、上部の画像か素材名をクリックすると詳細ページに移動する。

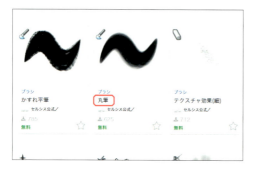

4 [ダウンロード]をクリックするとダウンロードが始まる。ダウンロードした素材はCLIP STUDIO PAINTの[素材]パレット→[ダウンロード]にある。

5 [素材]パレットから素材をドラッグ&ドロップして[サブツール]パレットに追加できる。[サブツール]パレット下部の[サブツール素材を読み込み]から素材を読み込むことも可能。

サブツール素材を読み込み

6 ダウンロードした素材が[サブツール]パレットからいつでも使えるようになった。

08 操作を取り消す

CLIP STUDIO PAINT PROの基本

操作を誤った場合は、[取り消し]で操作前の状態に戻ることができる。

取り消しとやり直し

→ 取り消し

作業を取り消したいときは[編集]メニュー→[取り消し]で操作を取り消す。

→ やり直し

逆に取り消した操作を元に戻したければ[編集]メニュー→[やり直し]を選択するとよい。

ショートカット
[取り消し]や[やり直し]はよく使用する操作なのでショートカットキーを覚えておこう。

取り消しの設定

[ファイル]メニュー→[環境設定]→[パフォーマンス]にある[取り消し]の項目で[取り消し回数]を設定することができる。

[描画終了後、別の取り消し対象と判断するまでの時間]に値を入力すると、設定した時間の一連の操作が、1度の[取り消し]の対象になる。たとえば[1000]と入力した場合、1000ミリ秒＝1秒間の操作が、1度の[取り消し]で取り消される。

ヒストリーパレット

[ヒストリー]パレットは、操作の履歴が表示される。クリックすると過去の操作時点まで戻ることが可能だ。

パレットの場所
[ヒストリー]パレットは[レイヤー]パレットと同じパレットドックに収まっている。見つからないときは[ウィンドウ]メニュー→[ヒストリー]で表示させるとよい。

025

BASIC 09 | CLIP STUDIO PAINT PROの基本
レイヤーの基本

レイヤーはとても便利な機能だ。上手に使って効率よく作業しよう。

レイヤーとは

レイヤーは透明なシートのようなものをイメージするとよい。作業によってレイヤーを分けると便利。

代表的なレイヤーの種類

さまざまなタイプのレイヤーがある。［レイヤー］パレットではアイコンでレイヤーの種類を見分けられる。

ラスターレイヤー
最も基本的なレイヤー。

ベクターレイヤー
ベクターレイヤーで描画した画像はベクター画像として編集できる。線画や図形の描画に便利。→P.62

色調補正レイヤー
色調補正ができるレイヤー。ほかのレイヤーを編集せずに色調補正ができるため、補正を何度もやり直せる。

テキストレイヤー
［テキスト］ツールでテキストを入力したときに作成されるレイヤー。

グラデーションレイヤー
グラデーションが描画されたレイヤー。グラデーションの設定は作成後も編集可能。

画像素材レイヤー
［素材］パレットやASSETSの画像素材は、画像素材レイヤーとして編集する。

💡 ラスタライズを覚えておこう!

ラスターレイヤー以外のレイヤーは、一部の機能が使えない場合がある。その場合は［レイヤー］メニュー→［ラスタライズ］で、ラスターレイヤーに変換するとよい。ただしラスタライズすると、変換前のレイヤーの特性は失われるので注意しよう。

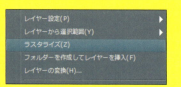

🖐 レイヤーの作成

レイヤーは［レイヤー］メニュー→［新規ラスターレイヤー］を選択するか、［レイヤー］パレットで作成する。レイヤーの削除も［レイヤー］メニュー、もしくは［レイヤー］パレットで行う。

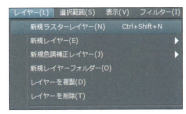

新規ラスターレイヤー　レイヤーを削除

🖐 レイヤーパレット

［レイヤー］パレットではレイヤーの作成や削除、レイヤー順の変更など各種操作を行える。

レイヤーの表示／非表示
［レイヤー］パレットにある目のアイコンをクリックしてレイヤーの表示／非表示を切り替えることができる。

❶合成モード
下のレイヤーと色を合成する方法を選べる。

❷不透明度
不透明度を調整すると描画部分を半透明にできる。不透明度が［0］のときは完全に透明になる。

❸パレットカラーを変更
レイヤーを色分け表示して管理できる。

❹下のレイヤーでクリッピング
下のレイヤーの不透明部分以外が非表示になる。

❺参照レイヤーに設定
選択中のレイヤーを参照レイヤーにする。

❻下描きレイヤーに設定
選択中のレイヤーを下描きレイヤーにする。

❼レイヤーをロック
オンにしたレイヤーは編集できなくなる。

❽透明ピクセルをロック
オンにすると不透明部分にのみ描画できるようになる。

❾マスクを有効化
レイヤーマスクの有効／無効やマスク範囲の表示／非表示を設定する。

❿定規の表示範囲を設定
定規が表示される範囲を設定する。

⓫レイヤーカラーを変更
オンにするとレイヤーカラーが有効になる。

⓬レイヤーを2ペインで表示
レイヤーリストの表示が2段になる。

⓭新規ラスターレイヤー
新規ラスターレイヤーを作成する。

⓮新規ベクターレイヤー
新規ベクターレイヤーを作成する。

⓯新規レイヤーフォルダー
新規レイヤーフォルダーを作成する。

⓰下のレイヤーに転写
下のレイヤーに画像を転写する。

⓱下のレイヤーに結合
下のレイヤーと結合する。

⓲レイヤーマスクを作成
レイヤーマスクを作成する。レイヤーマスクは画像を部分的に隠すことができる。

⓳マスクをレイヤーに適用
レイヤーマスクを削除し、画像をマスクされた状態と同じ見た目にする。

⓴レイヤーを削除
選択中のレイヤーを削除する。

👉 レイヤープロパティパレット

レイヤーの設定を行うパレット。レイヤーのタイプによって設定内容は異なる。

設定の例（ラスターレイヤー）

❶ 境界効果
オンにすると描画部分のフチに境界線を描画する。

❷ トーン
オンにすると描画部分がトーン化され黒の網点になる。

❸ レイヤーカラー
オンにすると描画部分が設定した色に変更される。

❹ 表現色
表現色を［モノクロ］［グレー］［カラー］から選べる。通常はキャンバス作成時に設定した基本表現色に設定されている。

👉 レイヤーの編集に必要な操作

→ 編集中のレイヤー

［レイヤー］パレットで1つのレイヤーを選択すると、ペンのアイコンが表示され、そのレイヤーに絵を描いたりレイヤーの内容を編集したりできるようになる。

ペンのアイコン

→ レイヤー順の変更

［レイヤー］パレットで上にあるレイヤーの画像は、キャンバス上では前面に表示される。レイヤー順を変更するときは、［レイヤー］パレットでレイヤーをドラッグ＆ドロップする。

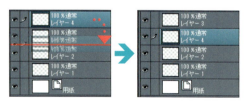

ドラッグ＆ドロップでレイヤー順を変えられる。

iPad版ではレイヤーの右側にある三本線をつかんで動かす。

→ レイヤーの複数選択

レイヤーを複数選択し、まとめてレイヤー順を変えたり、削除したりすることができる。
目のアイコンの隣にある空欄をクリックするとチェックマークが表示される。これを繰り返してレイヤーの複数選択が可能だ。

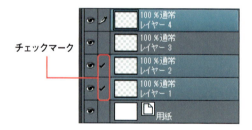

チェックマーク

→ レイヤーを複製

［レイヤー］メニュー→［レイヤーを複製］で、編集中のレイヤーを複製する。レイヤーを複数選択している場合は、複数のレイヤーが複製される。

→ レイヤーを結合

レイヤー同士は［下のレイヤーに結合］や［表示レイヤーを結合］などで結合することができる。

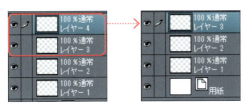

下のレイヤーに結合

［レイヤー］メニュー→［下のレイヤーに結合］で、編集中のレイヤーを下のレイヤーに結合する。レイヤー名は下のレイヤーの名前になる。

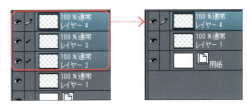

選択中のレイヤーを結合

レイヤーを複数選択し［レイヤー］メニュー→［選択中のレイヤーを結合］で、連続した複数選択中のレイヤーを結合する。

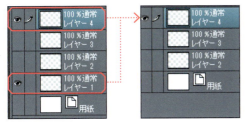

表示レイヤーを結合

［レイヤー］メニュー→［表示レイヤーを結合］で表示中のレイヤーを結合する。

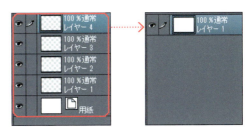

画像を統合

［レイヤー］メニュー→［画像を統合］は、すべてのレイヤーをひとつにしてしまう。画像の統合後はレイヤーごとの編集ができなくなるので注意したい。

☞ レイヤーフォルダー

レイヤーが多い場合は種類別にレイヤーフォルダーにまとめておくと管理しやすい。

新規レイヤーフォルダー

→ レイヤーフォルダーの作成

レイヤーフォルダーは［レイヤー］パレットからアイコンをクリックして作成するとよい。また［レイヤー］メニュー→［新規レイヤーフォルダー］でも作成できる。

レイヤーフォルダーで整理しながら作業しよう。フォルダーの中にさらにフォルダーを作成することも可能だ。

029

BASIC

10 描画色の選択
CLIP STUDIO PAINT PROの基本

描画色の作り方や、画像にある色から描画色を取得する方法を覚えよう。

👉 カラーアイコン

描画色はカラーアイコンで確認できる。カラーアイコンは、[ツール]パレットや[カラーサークル]パレットにある。

➡ カラーの選択

カラーアイコンにはメインカラー、サブカラー、透明色があり、それらを切り替えながら作業することが可能だ。選択中のカラーの周囲は水色の枠ができる。

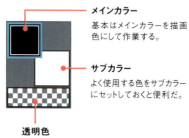

メインカラー
基本はメインカラーを描画色にして作業する。

サブカラー
よく使用する色をサブカラーにセットしておくと便利だ。

透明色
透明色を選択して描いた部分は透明になる。

👉 カラーサークルパレット

[カラーサークル]パレットでは色相・彩度・明度(または輝度)を調整して描画色を作成することが可能だ。

色相を調整

HSV色空間
色相(H)彩度(S)明度(V)からなる色空間。

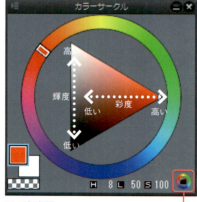

HLS色空間
色相(H)輝度(L)彩度(S)からなる色空間。

HSV色空間／HLS色空間の切り替え
クリックすると色を決める方式を変更する。初期状態はHSV色空間。

色相
赤、青、黄……といった色の種類、様相を色相という。リングで色相を調整できる。

彩度
色の鮮やかさの度合い。四角(三角)いエリアの右側ほど彩度が高く、左側ほど低い。

明度
色の明るさの度合い。四角いエリアの上側ほど明度が高く、下側ほど低い。

輝度
色の明るさの度合いだが、明度とは異なり黒が0%、純色が50%となる。最も輝度の高い100%の色は白。

スポイトツール

[スポイト] ツールはキャンバス上にある色を取得することができる。

 表示色を取得

キャンバスに表示された色を取得して描画色にする。

 レイヤーから色を取得

編集中のレイヤーの描画部分の色を取得して描画色にする。

POINT
▶ 通常は[表示色を取得]を使い、特定のレイヤーの色を取得したいときだけ[レイヤーから色を取得]を使うとよい。

 キャンバスから色を取得

1 [スポイト] ツールを選択し、キャンバス上に描かれたイラストで描画色にしたい部分をクリックする。

クリック

2 [スポイト] ツールで取得した色が描画色になった。カラーアイコンで確認しよう。

描画色になった

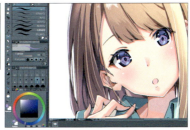

修飾キーでスポイト

Ctrl、Alt、Shift、Spaceなどの修飾キーとその組み合わせに、ツールの一時切り替えなどの操作が割り当てられている。修飾キーの設定は、[ファイル] メニュー→[修飾キー設定]で確認できる。ブラシツールなどを使用中は、Altキーを押している間、一時的に[スポイト] ツールを使える。

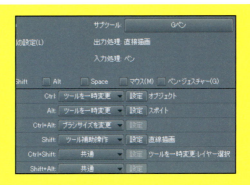

031

BASIC 11 CLIP STUDIO PAINT PRO の基本
キャンバス表示の操作

快適に作業するために、キャンバス表示の操作を覚えておこう。

👉 虫めがねツールで表示を拡縮

［虫めがね］ツールでは画面表示の拡大・縮小ができる。

［虫めがね］ツールはキャンバスをクリックするごとに表示が切り替わる。［ズームイン］はクリックするごとに拡大表示に、［ズームアウト］はクリックするごとに縮小表示になる。

ズームイン

➔ ドラッグで拡大・縮小表示

［虫めがね］ツール使用時は、右にドラッグで拡大表示、左にドラッグで縮小表示できる。

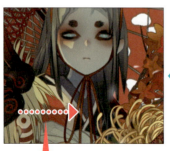

右ドラッグで拡大

左ドラッグで縮小

👉 手のひらツールで表示位置を変える

［移動］ツール→［手のひら］サブツールはキャンバスの表示位置を動かすことができる。

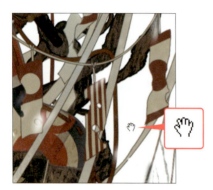

Shortcut key

手のひら	ほかのツールを使っているときでもSpaceキーを押している間は［手のひら］が使える。
Space	

キャンバス表示を拡大したときは、作業しやすいように表示位置を［手のひら］で動かすとよい。［手のひら］使用中はマウスカーソルが手のひらのアイコンになる。

032

表示メニュー

[表示] メニューより、拡大・縮小表示や、画面表示の回転・反転などが行える。

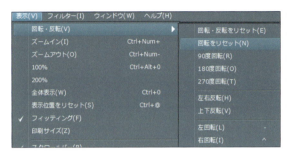

ナビゲーターパレット

[ナビゲーター] パレットは、直感的にキャンバス表示を編集できるパレットだ。

スライダーやボタンをクリックすることで、表示の拡大・縮小や回転、反転などを行える。

❶ イメージプレビュー
編集中の画像が表示される。赤い枠はキャンバス表示範囲を表す。赤い枠をドラッグするとキャンバスの表示範囲が変わる。

❷ 拡大・縮小スライダー
拡大率の調整スライダー。

❸ 回転スライダー
表示角度の調整スライダー。

❹ ズームアウト
クリックするごとに縮小表示する。

❺ ズームイン
クリックするごとに拡大表示する。

❻ 100%
画像を100%で表示。

❼ フィッティング
オンにするとウィンドウに合わせて全体表示され、ウィンドウの幅に連動するようになる。

❽ 全体表示
全体表示する。ウィンドウ幅を変えても連動しない。

❾ 左回転
左に回転。

❿ 右回転
右に回転。

⓫ 回転をリセット
キャンバス表示を回転した場合、[回転をリセット] で元に戻る。

⓬ 左右反転
キャンバス表示を左右反転する。元に戻すときは再度クリックする。

⓭ 上下反転
キャンバス表示を上下反転する。元に戻すときは再度クリックする。

BASIC 12 | CLIP STUDIO PAINT PROの基本
選択範囲の基本

選択範囲とは、編集部分を限定できる機能だ。部分的に描画や加工をしたいときに使おう。

👉 選択範囲メニュー

基本的な選択範囲の操作は［選択範囲］メニューから行える。

❶ すべてを選択
　キャンバス全体を選択範囲とする。

❷ 選択を解除
　選択範囲を解除する。

❸ 再選択
　解除した選択範囲を再び有効にする。

❹ 選択範囲を反転
　選択範囲が反転し範囲外だった部分が選択範囲になる。

❺ 選択範囲を拡張
　選択範囲を広げる。拡張する値は数値で指定できる。

❻ 選択範囲を縮小
　選択範囲を縮める。縮小する値は数値で指定できる。

❼ 境界をぼかす
　選択範囲の境界をぼかす。［ぼかす範囲］で値を指定できる。

👉 選択範囲ツール

［選択範囲］ツールにあるサブツールでさまざまな形の選択範囲を作成できる。

※画像は解説のために選択範囲を赤く表示している。

長方形選択
ドラッグ操作で長方形の選択範囲を作成する。ドラッグ中、Shiftキーを押している間は正方形になる。

楕円選択
ドラッグ操作で楕円の選択範囲を作成する。ドラッグ中、Shiftキーを押している間は正円になる。

投げなわ選択
フリーハンドで選択範囲を作成する。

折れ線選択
クリックを繰り返すことでできる「折れ線」で選択範囲を作成する。

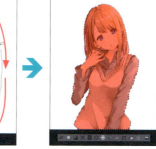

シュリンク選択
囲った範囲内の描画部分の外周から選択範囲を作成する。

選択ペン
ペンで描画するように選択範囲を作成する。

選択消し
消しゴムで消すような感覚で選択範囲を削除する。

選択範囲ランチャー

選択範囲の下に表示される選択範囲ランチャーでは、各ボタンからさまざまな操作を行える。

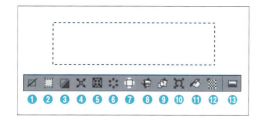

❶ **選択を解除**
　選択範囲を解除する。

❷ **キャンバスサイズを選択範囲に合わせる**
　キャンバスサイズが選択範囲の大きさに変更される。

❸ **選択範囲を反転**
　選択範囲を反転する。

❹ **選択範囲を拡張**
　選択範囲を拡張する。

❺ **選択範囲を縮小**
　選択範囲を縮小する。

❻ **消去**
　選択範囲の画像を消す。

❼ **選択範囲外を消去**
　選択範囲外の画像を消す。

❽ **切り取り＋貼り付け**
　選択範囲の画像をコピーした上で消し、新規レイヤーに貼り付ける。

❾ **コピー＋貼り付け**
　選択範囲の画像をコピーし、新規レイヤーに貼り付ける。

❿ **拡大・縮小・回転**
　選択範囲の画像を拡大・縮小・回転する。

⓫ **塗りつぶし**
　選択範囲を塗りつぶす。

⓬ **新規トーン**
　選択範囲にトーンを貼る。

⓭ **選択範囲ランチャーの設定**
　選択範囲ランチャーにボタンを追加できる。

選択範囲の追加と部分解除

[選択範囲] ツール使用時の [ツールプロパティ] パレットにある [作成方法] を設定することで、選択範囲を追加したり部分解除したりすることができる。

❶ 新規選択
初期設定。新たに選択範囲を作成する。

❷ 追加
すでにある選択範囲に追加する。

❸ 部分解除
選択範囲を部分的に解除する。

❹ 選択中を選択
すでにある選択範囲と重なる部分のみ選択範囲になる。

自動選択

[自動選択] ツールは色を基準に選択範囲を作る。線が閉じられた領域を選択範囲にする使い方が便利だ。

→ 線画から選択範囲を作る

線が閉じられた領域が選択範囲になる。すき間があると思い通りに選択範囲を作成できない。
思ったように自動選択できない場合、線にすき間部分がないか探すとよい。

※解説のため選択範囲を赤で表示している。

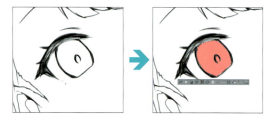

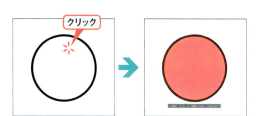

線が閉じている。

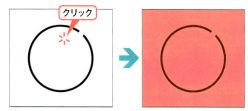

線が閉じていない。

→ 塗った色から選択範囲を作る

クリックした箇所にある色の範囲を選択範囲とする。

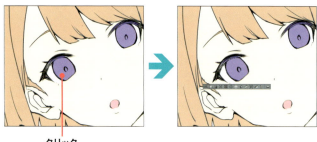

クリック

→ 自動選択のサブツール

[自動選択]ツールのサブツールは、どのレイヤーの線や色を自動選択したいかによって使い分ける。編集中のレイヤーの線や色を基準に自動選択したい場合は[編集レイヤーのみ参照選択]を使う。その他のレイヤーに描いた線や色を基準にして自動選択したい場合は、[他レイヤーを参照選択]を選ぶとよい。

→ 自動選択のツールプロパティ

❶ 隣接ピクセルをたどる
オンの場合はクリックした箇所の色と隣接した同一色の部分が選択範囲になる。オフにするとレイヤー上の同じ色をすべて選択範囲とする。

❷ 隙間閉じ
小さなすき間を閉じたものにできる設定。

❸ 色の誤差
どこまでを同じ色として判定するかを設定できる。

❹ 領域拡縮
作成される選択範囲を拡張、または縮小する。

❺ 複数参照

ⓐ すべてのレイヤー
すべてのレイヤーを参照する。

ⓑ 参照レイヤー
参照レイヤーを参照する。参照レイヤーは[レイヤー]パレットで設定できる。

ⓒ 選択されたレイヤー
レイヤーを複数選択している場合、選択中のレイヤーを参照する。

ⓓ フォルダー内のレイヤー
編集中のレイヤーと同じレイヤーフォルダー内のレイヤーを参照する。

💡 参照レイヤー

[自動選択]ツールで特定のレイヤーを参照したいときは、参照レイヤーを設定するとよい。参照レイヤーは[レイヤー]パレットで設定できる。

参照レイヤーに設定

BASIC 13 CLIP STUDIO PAINT PROの基本
画像を変形する

ここでは画像を変形する基本操作について解説する。拡大するときの注意点も知っておこう。

拡大・縮小・回転

［編集］メニュー→［変形］→［拡大・縮小・回転］を選択すると、編集中のレイヤーにある画像を、拡大・縮小したり、回転したりできる。

→ 拡大・縮小

四角いハンドルをドラッグすると縦横比を維持しながら拡大・縮小する。

ハンドル

→ 回転

フレームの周りでのマークが出たところでドラッグすると回転する。Shiftキーを押しながらドラッグすると、45°刻みで回転できる。

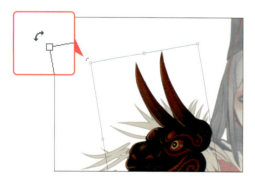

→ 移動

フレーム内でのマークが出ているところでドラッグすると画像を移動する。

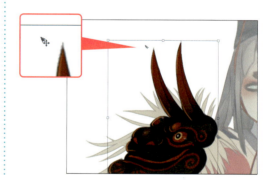

確定とキャンセル

変形を確定させたい場合は［確定］をクリックするか、Enterキーを押す。［キャンセル］をクリックすると変形前の状態に戻る。

038

自由変形

［編集］メニュー→［変形］→［自由変形］は、画像を歪ませるような変形ができる。

四角いハンドルをドラッグした方向に画像が歪みながら変形する。

Shiftキーを押しながら操作すると、垂直・水平の方向にドラッグできる。

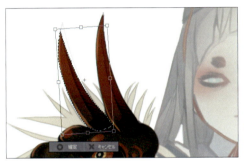

選択範囲を変形

部分的に変形したい場合は、選択範囲を作成して変形の操作を行うとよい。

画像の拡大についての基礎知識

画像の種類にラスター画像とベクター画像がある。両者の違いを知っておこう。

→ ラスター画像

ピクセル（色のついた点、画素）で構成されている画像をラスター画像という。ラスター画像は複雑な色の変化を表現でき、ピクセル数が多いほど精細な画像になる。ただし拡大すると、ピクセルを補完するため、画像が劣化しやすい。

→ ベクター画像

ベクター画像とは、キャンバスの座標を基準にした点と点を結ぶように作る線などでできている画像で、拡大しても劣化せず編集しやすいのが特徴。CLIP STUDIO PAINTではベクターレイヤーでベクター画像を作成できる。

ラスター画像は、色のついたピクセルからできている。

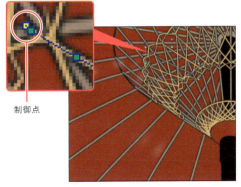

制御点

ベクター画像は制御点からできている。

COLUMN

iPad版で
覚えておきたい操作

▶ペンの設定

Apple PencilやBamboo Sketchなど専用のペンで描画する場合、指とペンで別の操作ができるよう設定しておくとよい。

初期設定では下記の操作が設定されている。
手のひらツール 1本指でスワイプ
スポイトツール 1本指で長押し

コマンドバーより[指とペンで異なるツールを使用]をオンの状態にすると、指で特定の操作ができるようになる。

▶タッチ操作

タッチ操作の設定を変更することができる。[タッチジェスチャー設定]をタップするか、[CLIP STUDIO PAINT]メニュー→[環境設定]を表示し、[タッチジェスチャー]カテゴリーで設定しよう。

▶保存した作品の管理

iPad版で保存したファイルは、[ファイル]メニュー→[ファイル操作・共有]で管理する。[共有]をタップするとAirDrop（iPadやMacなどApple製の端末でファイルを共有するサービス）でファイルを共有できたり、SNSに作品をアップしたりできる。

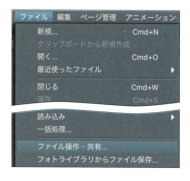

SNSへ作品をアップする場合は、あらかじめ[ファイル]メニュー→[画像を統合して書き出し]でJPEGかPNGに保存したファイルを[ファイル]メニュー→[ファイル操作・共有]→[共有]より投稿するとよい。

▶クラウドを使って異なるデバイス間で作品や設定を共有

iPadとPCなど、異なるデバイス間で作品やアプリ設定の共有が可能な、CLIP STUDIOのクラウドサービスを利用しよう。CLIPクラウドにアップロードしておけばiPadでもPCでも作品を編集することができる。

作品のアップロード

iPad版で作品をアップロードするときは、以下のような手順で行う。

① コマンドバーより[CLIP STUDIOを開く]をタップしCLIP STUDIOを開く。

② [ログイン]からCLIP STUDIOアカウントでログインし[作品管理]→[この端末]をタップ。

③ 共有したい作品の[同期切り替え]をタップしてオンにするとクラウドに作品がアップロードされる。

④ [同期切り替え]がすでにオンに設定されている作品の場合は[いますぐ同期]をタップして作品をアップロードする。

同期切り替え

いますぐ同期

POINT
▶ 上部の[クラウドバー]から自動同期の設定やアプリ設定のバックアップ・復元が行える。

ダウンロードした作品を編集

共有した作品はCLIP STUDIOの[作品管理]→[クラウド]にある。ここから作品を開いて編集できる。

ダウンロード

共有した作品をダウンロードするには、CLIP STUDIOの[作品管理]→[クラウド]より作品を選び、[新規ダウンロード](もしくは[上書きダウンロード])をタップする。

この端末から開く

ダウンロードした作品を編集するときは、[この端末]にある作品を開く。
iPad版では、CLIP STUDIO PAINTの[ファイル]メニュー→[開く]、[ファイル操作・共有]でも作品を開くことができる。

BASIC

14 イラストができるまで

CLIP STUDIO PAINT PROの基本

ここでは、イラストの下描きから完成までの流れを、主な使用ツールと合わせて解説する。

Step 01 キャンバスを作成

① ［ファイル］メニュー→［新規］で新規キャンバスを作成。

② ［作品の用途］は［イラスト］にし、サイズを設定。カラーイラストを描くときは［基本表現色］を［カラー］にする。

新規キャンバスの作成 →P.16

Step 02 下描き

① 下描きする。下描きの線は、仕上がりには残らないため、どんなブラシツールを使ってもよい。

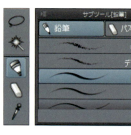

ブラシツールの選択に迷うようなら、クセのない［鉛筆］ツールの［濃い鉛筆］を試してみよう。

② 作例は下描きの線を［筆］ツールの［不透明水彩］で描いている。［筆］のやわらかなタッチが好きな人にオススメだ。

線画用のツールを選ぼう →P.52

下描きができたら、不透明度を下げたりレイヤーカラーで線の色を変えたりすると上から線画を描きやすくなる。

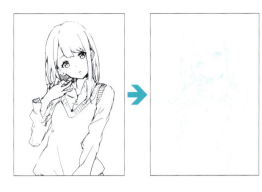

不透明度の変更

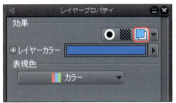

レイヤーカラー
［レイヤー］パレットで［レイヤーカラー］をオンにすると下描きの線の色が変わる。

レイヤーカラー → P.58

 カラーラフ

完成を予想するために時間をかけずに描く絵のことをラフという。下描きやラフに軽く色をつけて配色を検討してみよう。

Step 03 線画（ペン入れ）

 線画の清書のことをペン入れという。下描きの上にペン入れ用のレイヤーを作成する。

レイヤーの文字列をダブルクリックするとレイヤー名を変更できる。わかりやすい名前をつけておこう。

2 [ペン]ツールで線画を描く。ここでは[Gペン]を使っている。ていねいに仕上げていこう。

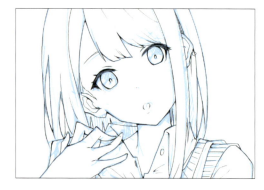

線画のテクニック →P.60

3 ペン入れが完了したら下描きのレイヤーを非表示にする。

目のアイコンをクリックしてレイヤーを非表示に。

Step 04 下塗り

1 下塗りとは下地になる色を塗っていく作業だ。ツールは[塗りつぶし]ツール→[他レイヤーを参照]を選ぶ。

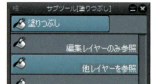

2 線画の下に新規レイヤーを作成し下塗り用のレイヤーとする。線画を参照しながら塗りつぶしていく。肌、髪、シャツ……などのパーツごとにレイヤーを作成→塗りつぶしを繰り返す。

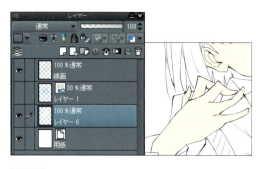

POINT
▶ 塗った色は[編集]メニュー→[線の色を描画色に変更]で簡単に変更できる。

下塗りのテクニック →P.72

塗った色を変更する →P.78

パーツごとの下塗りレイヤーは多くなるのでレイヤーフォルダーに入れると管理しやすい。

Step 05 影・照り返しを塗る

 影に暗い色を、照り返しに明るい色を塗っていく。まずは下塗りのレイヤーの上に新規レイヤーを作成し［下のレイヤーでクリッピング］する。

― 下のレイヤーでクリッピング

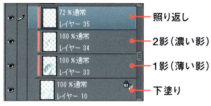

［下のレイヤーでクリッピング］すると下塗りの描画部分からはみ出さずに彩色できるようになる。

 クリッピングしたレイヤーで影や照り返しを入れる。ここでは［不透明水彩］で塗っている。光源を意識しながらていねいに仕上げていく。

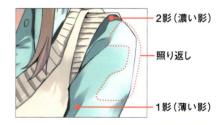

― 照り返し
― 2影（濃い影）
― 1影（薄い影）
― 下塗り

影と照り返しはそれぞれレイヤーを分けたほうが作業しやすい。

― 2影（濃い影）
― 照り返し
― 1影（薄い影）

影塗りのテクニック → P.82

Step 06 仕上げ

 合成モードを使って光を表現するなど、塗りを調整してイラストの完成度を上げていく。

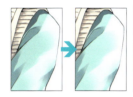

 最も上の階層にレイヤーを作り、ハイライト（最も明るい色）を入れ仕上げる。最後に見直して修正するところがなければ完成だ。

ハイライトは線画レイヤーより上に塗る。

光を描くテクニック→ P.84

完成!

データダウンロード

BASIC

15 | CLIP STUDIO PAINT PROの基本
マンガができるまで

マンガ制作に使うツールや機能に注目しながら、原稿の完成までを見ていこう。

Step 01　キャンバスを作成

1 ［ファイル］メニュー→［新規］で新規キャンバスを作成。［作品の用途］は［コミック］に設定する。

2 サイズや表現色を決める設定では［プリセット］から［B5判モノクロ（600dpi）］を選択した。

新規キャンバスの作成 →P.16

Step 02　ネームを描く

1 マンガの世界ではセリフやコマ割り、構図などを決めるラフをネームという。絵の細部にこだわらず時間をかけないで描く。

💡 **ネームのテキスト**

作例のネームはセリフを手描きで入れているが、ネームの段階で［テキスト］ツールでセリフを入れてもよい。

Step 03　コマを割る

1 コマ割りの前に［ファイル］メニュー→［環境設定］→［定規・単位］の［長さの単位］を設定しておく。

［長さの単位］を［mm］にしておくとサイズをイメージしやすい。

2 コマを作成する。[レイヤー] メニュー→ [新規レイヤー] → [コマ枠フォルダー] を選択。作成時に枠線の太さを設定できる。

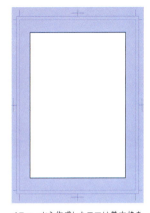

[コマ枠フォルダー] 作成時に出るダイアログで [線の太さ] を [0.80] mmとした。

POINT
▶ コマの枠線の太さは0.8mm くらいが標準的だ。

メニューから作成したコマは基本枠を基準に作成される。

3 ネームに合わせてコマを割っていく。割ったコマの間隔は、環境設定で設定した大きさになる。

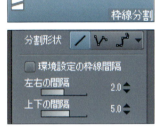

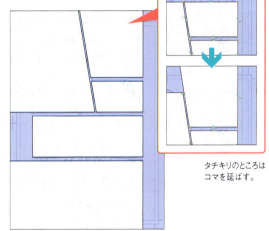

[コマ枠] ツールの [コマ枠カット] にあるサブツールでコマを割っていく。[左右の間隔][上下の間隔] を設定してからコマ割りしよう。ここでは [枠線分割] を使っている。

タチキリのところはコマを延ばす。

コマ割り機能でコマを割る → P.132

Step 04 下描き

1 下描きしていく。[ペン] や [鉛筆] ツールから選ぶとよい。作例では [濃い鉛筆] を使っている。

047

Step 05 ペン入れ

1 下描きが済んだらペン入れしよう。ペン入れとは、ペンで清書の線を入れること。[ペン]ツールから好みのサブツールを選んで描画する。ここでは、[カブラペン]を使用している。

作例では[カブラペン]を使ったが、強弱がつけやすい[Gペン]なども使いやすい。

新規ベクターレイヤー
ベクターレイヤーでペン入れすると線の修正がしやすくなる。

線画のテクニック → P.60

ベクターレイヤーの活用 → P.62

Step 06 効果線と書き文字

1 [図形]ツールにある[流線]や[集中線]グループのサブツールで効果線を描くことができる。

[図形]ツール→[集中線]→[まばら集中線]は楕円の基準線を描画して作成する。

2 定規でも効果線を描ける。ここでは[定規]ツール→[特殊定規]の設定を[平行線]で作業している。

[ツールプロパティ]パレットで[特殊定規]を[平行線]に。

[ツールプロパティ]パレットの[角度の刻み]にチェックを入れると45°刻みで定規を作る(初期設定)ので、横方向にドラッグすると水平な平行定規を作成できる。

3 定規で描く場合は［ペン］ツールの［効果線用］が便利。強弱のはっきりした勢いのある線が描ける。

流線と集中線を描く → P.140

4 書き文字は線の強弱をつけずに描く。［マーカー］グループのサブツールを使って均一の線で描くとよい。

マジックのような線で描きたいときは［マジックペン］が使える。

Step 07 フキダシ・テキストを入れる

1 フキダシは、フキダシ素材や［フキダシ］ツールで作成できる。

  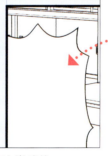 

フキダシ素材
［素材］パレットからドラッグ＆ドロップで追加。

フキダシツール
［フキダシ］ツールは［フキダシしっぽ］でしっぽをつけられる。

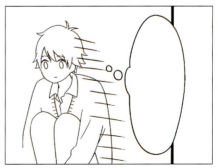

ペンで描いたフキダシ
ほかのペン入れと同じく［ペン］ツールでフキダシを描いてもよい。均一な細い線で描かれることが多いが、強弱のついた線で描く人もいる。好みで使い分けよう。

フキダシを作る → P.136

② フキダシの中を[テキスト]ツールでクリックし、文字を入力してセリフを入れる。

文字の大きさやフォント、縦書き・横書きなどを[ツールプロパティ]パレットで設定できる。

Step 08 ベタ・トーンを貼る

① マンガでは黒く塗りつぶすことを「ベタ」という。[塗りつぶし]ツールだと手早くベタができる。

[他レイヤーを参照]だと線画を参照しながら別のレイヤーに塗りつぶしできる。

塗りつぶしツールの使い方 → P.72

② モノクロのマンガはグレーをトーン（網点）で表現する。選択範囲を作成し、トーンを貼る。

ドラッグ&ドロップ

[素材]パレット→[単色パターン]→[基本]にさまざまなトーンが用意されており、ドラッグ&ドロップで貼り付けられる。トーンの種類は貼り付けた後でも変えられる。

完成！

トーンを貼る → P.142

データダウンロード

CHAPTER 1

線画を描く

チャプター1では、線画の描き方をテーマに、線画用ツールの設定、線画を描くときのコツ、ベクターレイヤーによる描画・編集方法などを解説する。

01　線画用のツールを選ぼう
02　ブラシの設定を調整しよう
03　下描きの設定
04　線画のテクニック
05　ベクターレイヤーの活用
06　定規できれいな形を描く
07　紙に描いた線画を読み込む
COLUMN　線が描けなくなったときは

作例データをダウンロードできます。

CHAPTER:01 線画用のツールを選ぼう

線画用のブラシツールには［ペン］や［鉛筆］などがあるが、
画風によっては［筆］ツールなどのサブツールを使ってもよいだろう。

👉 線画に使えるツール

ここでは線画を描くときに使いやすいツールを紹介する。試し描きしながら好みのものを見つけよう。

→ ペン

くっきりとした線を描きたいときは［ペン］ツールを選ぶとよい。アニメ塗りの線画などにも濃淡のない［ペン］ツールが使いやすい。

Gペン

強弱をつけやすい

カブラペン

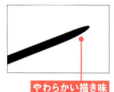

やわらかい描き味

標準的な［Gペン］は筆圧による線の強弱を出しやすい。ほかやわらかい描き味で比較的均一な線を描画できる［カブラペン］などがある。

→ 鉛筆

［鉛筆］ツールは、［ペン］ツールよりもストロークに濃淡があるため、ソフトなイメージの線画になりやすい。水彩塗りの線画にも合う（→P.96）。

濃い鉛筆

少し濃淡がある

色鉛筆

ストロークに粒子が見える

筆圧による強弱に加えて濃淡の表現が可能。標準的な［濃い鉛筆］が使いやすいが［色鉛筆］など、粗い粒子が見えるようなツールもある。

→ 筆

［筆］ツールは、やわらかい描線で描くことができ、濃淡を出しやすいのが特徴的。筆特有のかすれた描画ができるサブツールもある。

ややかすれ — 線がかすれる
にじみ薄墨 — 濃淡が出る

［墨］グループのサブツールは毛筆のような描画ができる。

→ マーカー

強弱のない均一な線でイラストを描きたいときは［ペン］→［マーカー］グループのサブツールを試してみよう。

ミリペン — 入り抜きは出ない
サインペン — 重なった箇所が濃くなる

細い線を描きやすい［ミリペン］や、線の交差した箇所が濃くなる［サインペン］などがある。

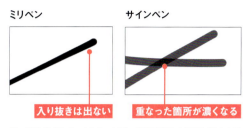

→ 線画のないイラスト

厚塗りのイラストでは線画を残さない場合が多い。ラフや下描き段階で描いた線画も、完成時には非表示にしてしまう。

CHAPTER:01
02 ブラシの設定を調整しよう

思い通りの線が描けるように筆圧の影響や補正の設定を調整しよう。
また気に入った設定は新たなサブツールとして保存してもよい。

👉 筆圧

ペンタブレットによる筆圧の影響を、自分に合った設定にできる。アプリ全体の設定は［筆圧検知レベルの調節］で行う。ツールごとに筆圧の設定をするときは［ブラシサイズ影響元設定］を開く。

→ アプリ全体の筆圧の影響を設定

1 ［ファイル］メニュー（macOS／iPad版は［CLIP STUDIO PAINT］メニュー）→［筆圧検知レベルの調節］を選択。［筆圧の自動調整］ダイアログを表示する。

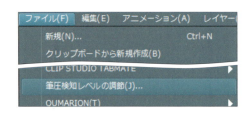

2 ［調節を行う］がオンの状態でキャンバス上に強弱を意識しながら線を引く。このとき［1つのストロークで調節を行う］か［複数のストロークで調節を行う］を選択できる。

― オンの状態

［複数のストロークで調節を行う］を選んだ場合、たくさん線を引いたときの平均の筆圧で設定される。

3 筆圧を検知してグラフが変化する。［OK］をクリックで完了するとすべてのツールに対して筆圧の強さに合わせた設定が反映される。

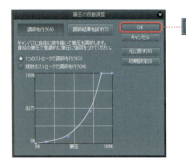

→ ツールごとに筆圧の影響を設定

1 ［ツールプロパティ］パレットの［ブラシサイズ］右のボタンを押すと［ブラシサイズ影響元設定］が開く。

2 ［筆圧］をオンにし、［筆圧設定］のグラフを調整する。設定できたらポップアップ外のエリアをクリックし閉じる。

やわらかい描き心地の設定

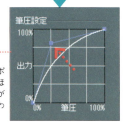

グラフのコントロールポイントを左上へ動かすほど、弱い筆圧でも太い線が出やすい設定になり、やわらかい描き心地になる。

硬い描き心地の設定

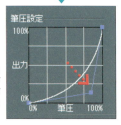

コントロールポイントを右下へ動かすと、太い線が出にくい設定になり、線が細くなりやすく固い描き心地になる。

入り抜き

入り抜きは線画のテクニックの1つだ。線の描き始めを細く、だんだんと太くなり、線を抜くときはまた細くしていくことをいう。入り抜きがきれいだと線画の見栄えもよくなる。

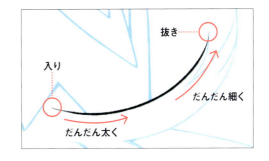

入り抜きカテゴリーの設定

入り抜きは、筆圧の加減で出せるが補正の設定でも出すことができる。設定は［サブツール詳細］パレットの［入り抜き］カテゴリーで行う。［ペン］などのブラシツールに設定できるのはもちろんだが、［図形］ツールの［直線］［曲線］［折れ線］［連続曲線］にも設定可能だ。

1 ［サブツール詳細］パレット→［入り抜き］カテゴリーを表示する。

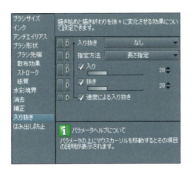

2 ［入り抜き］のボタンをクリックすると［入り抜き影響先設定］が開く。ここでは［ブラシサイズ］だけチェックを入れる。これで描き始めと描き終わりの線が細くなる。

チェックを入れた項目は、描き始めと描き終わりに値が小さくなるよう設定される。

3 ［指定方法］は［長さ指定］にすると、入り抜きの効果の範囲を長さで指定できる。

4 ［入り］と［抜き］それぞれの値をスライダーで設定する。値を大きくするほど長い範囲の入り抜きができる。

💡 指定方法の違い

［指定方法］には［長さ指定］のほか［パーセント指定］と［フェード］がある。
［パーセント指定］にすると、入り抜きの効果の範囲を、線の長さに対する割合で指定するようになる。
［フェード］にした場合は「抜き」だけのような効果になり［入り］の設定はなくなる。効果の範囲は長さで指定する。

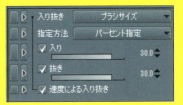

［入り］、［抜き］を[30]でパーセント指定した場合、描いた線の長さの、30％が［入り］［抜き］の長さになる。

👉 ブラシサイズ

ブラシサイズは［ツールプロパティ］パレットで設定する。よく使うサイズは［ブラシサイズ］パレットに登録しておくと便利だ。

Shortcut key

Ctrl+Altキーを押しながらペンをタブレットから離さずに動かすとブラシサイズが変更される。細かな数値を気にせず大きなブラシサイズにしたい場合などに便利なので覚えておこう。

ブラシサイズパレットに登録

［ツールプロパティ］パレットでブラシサイズを設定し、［ブラシサイズ］パレットのメニュー表示より［現在のサイズをプリセットに追加］を選択で、［ブラシサイズ］パレットにないサイズを登録できる。

👉 不透明度

［不透明度］を設定すると線の濃度を変更できる。

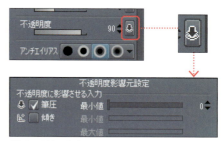

筆圧で不透明度をコントロール

筆圧の加減で不透明度をコントロールできるように設定できる。［ペン］ツールを選び［ツールプロパティ］パレットの［不透明度］右にある［不透明度影響元設定］ボタンをクリック。開いたダイアログで［筆圧］にチェックを入れると筆圧が不透明度に影響するようになる。

ブラシ濃度

［鉛筆］ツールの［ツールプロパティ］パレットなどにある［ブラシ濃度］設定でも線の濃度を変更できる。
ブラシツールは1つのパターン（ブラシ先端素材）を繰り返してストロークを形作るが、［ブラシ濃度］は、この1つのパターンの不透明度を調整する設定となっている。対して［不透明度］はストローク全体に対する濃さを変更する。

👉 手ブレ補正

［手ブレ補正］はペンタブレットによる手ブレを補正する設定だ。

設定値が高いほど線がなめらかになるように補正される。0～100で設定できるが、高い設定値にすると動作が遅くなる場合がある。

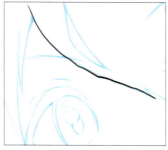

手ブレ補正:0

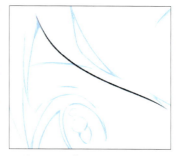

手ブレ補正:10[※]

※手ブレ補正の適正値には個人差があります。

カスタムブラシ作成の手順

設定を調整したブラシを、サブツールにして用意しておくと効率よく作業できる。サブツールを複製してカスタムブラシを作れば、すでにあるサブツールの設定は残しておける。

1 まずはベースにするサブツールの上で右クリック（iPad版は指で長押し）し［サブツールの複製］を選択。

2 ［サブツールの複製］ダイアログで、サブツールの名称を決めよう。ここではアイコンの設定も行える。

3 ［サブツール］パレットに追加されたカスタムブラシを、［ツールプロパティ］パレットや、［サブツール詳細］パレットで設定する。

カスタムブラシ

4 設定が完了したら［サブツール詳細］パレット→［全設定を初期設定に登録］をクリックする。これでカスタムブラシの完成となる。

ASSETSからブラシをダウンロード

ASSETSでブラシ素材を探してみよう。無料のものも多いのでダウンロードして試してみるとよい。

1 CLIP STUDIOを起動→［素材をさがす］でASSETSを表示。「ペン」や「鉛筆」など欲しいブラシで検索して素材を絞ろう。

2 素材のタイトルをクリックで詳細ページが開く。よさそうな素材を見つけたら［ダウンロード］をクリック。

3 CLIP STUDIO PAINTで［素材］パレット→［ダウンロード］よりダウンロードした素材を選択し、それに適したツールの［サブツール］パレットにドラッグ&ドロップで追加する。

サブツール素材を読み込み

［サブツール］パレット下部の［サブツール素材を読み込み］からも素材を追加できる。

CHAPTER:01 03 下描きの設定

ここでは下描きを薄く表示して清書をしやすくしたり、
下描きレイヤーに設定して作業を効率化したりする方法を解説していく。

👉 下描きでしっかり形をとる

下描きは、仕上がりの際には非表示にするため、線のきれいさにこだわる必要はない。絵の形をしっかりとることに注力しよう。

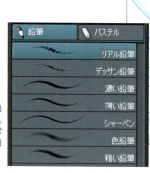

ツールは何を使ってもよいが、[鉛筆]ツールがクセがなくおすすめ。標準的な[濃い鉛筆]や、鉛筆の雰囲気が出る[リアル鉛筆][粗い鉛筆]などを試してみよう。

👉 レイヤーカラー

下描きのレイヤーの色を[レイヤーカラー]で変更すると、下描きの線と清書の線の区別がつきやすくなる。[レイヤーカラー]は、レイヤーに描画された色を特定の同一色に設定する機能だ。

→ レイヤーカラーを設定

[レイヤープロパティ]パレットで[レイヤーカラー]をオンにするとレイヤーの描画部分の色がすべて同一色に変更される。

レイヤーカラーをオン

→ 色を変更する

初期設定では[レイヤーカラー]をオンにすると描画部分が青になる。色を変更したいときは▶をクリックして[色の設定]ダイアログを表示し別の色に設定する。

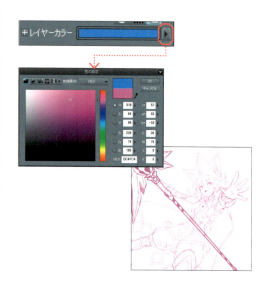

👉 レイヤー不透明度の変更

[レイヤー] パレットで不透明度を変更し、下描きを薄く表示するとより清書しやすくなる。[レイヤーカラー] と併用するとよい。

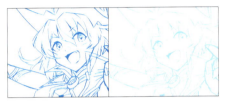

フォルダーで一括変更

複数のレイヤーをレイヤーフォルダーにまとめている場合は、レイヤーフォルダーの不透明度や [レイヤーカラー] を変更すると複数のレイヤーにまとめて反映される。

👉 下描きレイヤー

ラフや下描きを下描きレイヤーに設定すると、[画像を統合して書き出し]で書き出すときや、印刷するときに除外することができる。

→ 下描きレイヤーに設定

[レイヤー] パレットで [下描きレイヤーに設定] をオンにすると、レイヤーを下描きレイヤーに設定できる。

※[下描きレイヤーに設定]アイコンが表示されていない場合は、パレットの横幅を広げると表示される。

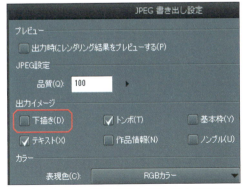

[ファイル]メニュー→[画像を統合して書き出し]より開くダイアログで[下描き]のチェックが外れているときは下描きレイヤーは書き出されない。

塗りつぶしで参照しない

下描きレイヤーは、[塗りつぶし]ツールや[自動選択]ツールの参照元からも外せるため、間違って下描きの線を参照して塗りつぶしたりするのを防げる。

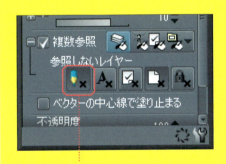

下描きを参照しない

[塗りつぶし]ツール→[他レイヤーを参照]の初期設定では、下描きレイヤーを参照先に含めない設定になっている。

03 下描きの設定

059

CHAPTER:01 04 線画のテクニック

ペンタブレットによる描画には、実際のペンや鉛筆などとは少し違ったコツがある。
ここでは覚えておきたい線画のテクニックを解説していく。

👉 線画の完成度を上げるコツ

線画は、失敗を恐れず思い切りよく描こう。失敗したら［取り消し］（Ctrl+Z）で戻ったり、［消しゴム］や透明色で修正したりすればよい。

→ 線を重ねて描く

1本線できれいな線を引くのもよいが、線を重ねて描く方法もある。短い線をつなげて長いストロークの線を描いていく。

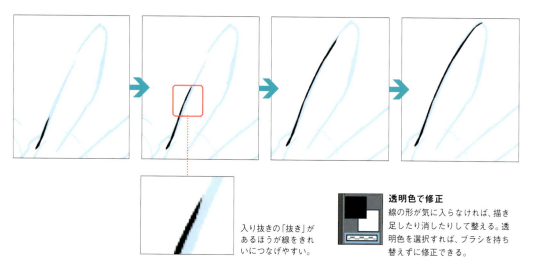

入り抜きの「抜き」があるほうが線をきれいにつなげやすい。

透明色で修正
線の形が気に入らなければ、描き足したり消したりして整える。透明色を選択すれば、ブラシを持ち替えずに修正できる。

→ 線の太さを使い分ける

線の太さに変化をつけると線画の見栄えがよくなる。りんかくはしっかりした線で、シワなどのディテールは細い線で描こう。

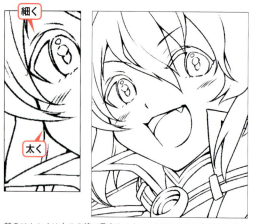

顔のりんかくは太めの線で目立たせたい。まぶたのシワやほおに入ったタッチなどは特に細く描かれている。

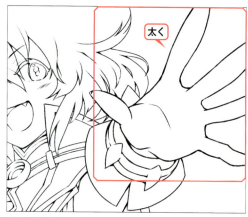

手前にあるものを太めの線で描くと遠近感が出る。

▶ 立体感を出す

線が重なっている部分はインクだまりのような小さな影を描くと立体感が出る。

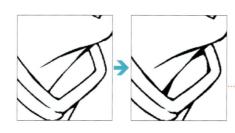

👉 線がうまく引けないときは

線が引きにくいときは、キャンバスの表示を変えてみたり、[手ブレ補正]の値を見直したりしよう。

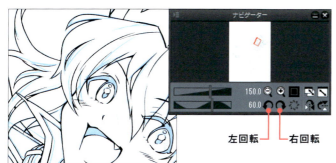
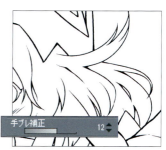

キャンバスを回転し、描きやすい角度にして作業してみよう。

髪の毛など長いストロークの曲線は、[手ブレ補正]を高く設定して描いてみよう。

👉 デッサンの確認

実際の紙に描く場合は、紙を裏から透かして見てデッサンの狂いがないか確かめたりする。デジタルではキャンバスを左右反転すれば同じことができる。[ナビゲーター]パレットから[左右反転]してみよう。

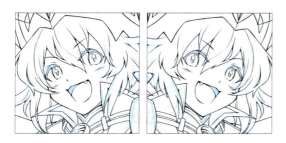

 ペンのアンチエイリアス

[ペン]ツールを使う際、[ツールプロパティ]パレットで[アンチエイリアス]の設定ができる。[無し]にすると線にギザギザができるので[弱]や[中]を選んでおこう。モノクロのマンガの場合は、ギザギザが気にならないくらいの高解像度で描くのが一般的なので[無し]で問題ない。

CHAPTER:01 05 ベクターレイヤーの活用

ベクターレイヤーに描画すると、
ラスターレイヤーではできない線の編集が可能になる。

👉 ベクターレイヤーの作成

ベクターレイヤーを作成するときは、［レイヤー］パレットから［新規ベクターレイヤー］をクリックする。ラスターレイヤーと同じ感覚でブラシツールを使うことができるが、描画後も自由に線の編集ができるのが大きな違いだ。たとえば画像を劣化させずに変形させるような操作も行える。

新規ベクターレイヤー

制御点

制御点
ベクターレイヤーに描画した線には制御点ができる。制御点を動かすと線の形も変わる。この制御点のある線をベクター線という。

👉 交点消去で楽に修正

［消しゴム］ツールの［ツールプロパティ］パレットには［ベクター消去］という設定がある。ここでは、ベクター線を消す方法を選択できるが、中でもおすすめは［交点まで］だ。これを選ぶと、はみ出した線などを素早く消すことができる。

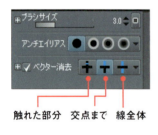

触れた部分　交点まで　線全体

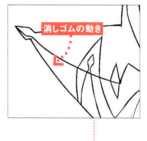

消しゴムの動き

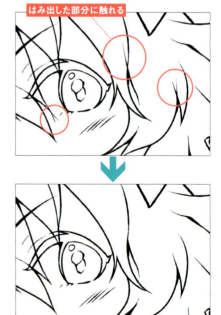

はみ出した部分に触れる

触れた部分
［消しゴム］が触れた部分だけ消えます。

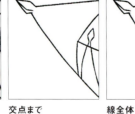

交点まで
別の線との交点まで消えます。

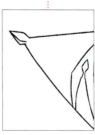

線全体
触れたベクター線全体が消えます。

［交点まで］に設定した場合、線がはみ出たところに触れるだけで簡単に修正できる。

062

👉 オブジェクトサブツールでベクター線を選択

［操作］ツール→［オブジェクト］でベクターレイヤーを選択すると、描いた線の色や幅などを変更できるようになる。

→ ベクター線の選択

［レイヤー］パレットで、ベクターレイヤーを選び、［オブジェクト］で線をクリックすると1つのベクター線を選択できる。

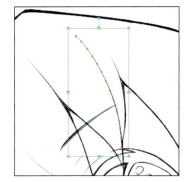

→ ドラッグで複数選択

ドラッグすると複数のベクター線を選択することができる。

1 ［オブジェクト］サブツールの［ツールプロパティ］パレットで複数選択する方法を設定しておく。

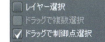

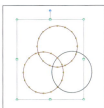
［ドラッグで複数選択］をオンにすると、ドラッグした範囲内のベクター線を複数選択できる。

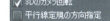
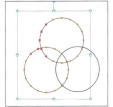
［ドラッグで制御点選択］をオンにすると、ドラッグした範囲内の制御点を複数選択できる。

2 ［ツールプロパティ］パレットで［拡縮時に太さを変更］はオフにしておく。オンにすると拡大・縮小したとき線の太さも変更される。

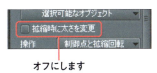
オフにします

3 変形するベクター線をドラッグして選択する。ほかのパーツを避けて選択したい場合は、Shiftキーを押しながらの追加選択を利用するとよい。

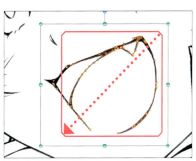

ほかのパーツ（この場合は鼻）に触れないようにドラッグして選択。

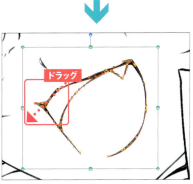

選択しきれなかった部分を追加選択（Shiftキーを押しながらドラッグ）する。

拡大・縮小・回転

ベクター線を［操作］ツール→［オブジェクト］で選択すると、ハンドルを操作して拡大・縮小・回転ができるようになる。

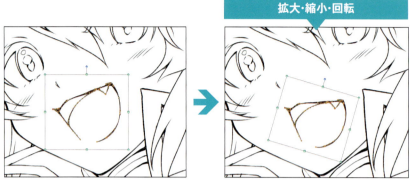

青いハンドルをドラッグで回転する。

緑のハンドルをドラッグで拡大・縮小する。縦横比を保持したいときはShiftキーを押しながらドラッグする。

ハンドルの周りで移動のマークが出たところでドラッグするとベクター線を移動できる。

ベクター線の設定を変える

ツールプロパティパレット

［オブジェクト］でベクターレイヤーを選択中は［ツールプロパティ］パレットでベクター線を編集できる。

❶メインカラー

クリックすると［色の設定］ダイアログが表示され、線の色を変更できる。特定の線を選択していない場合はベクターレイヤーに描画された線全体に編集が適用される。

❷ブラシサイズ

ブラシサイズを変更すると、線の幅が変わる。特定のベクター線を選択している場合はその部分だけ編集できる。

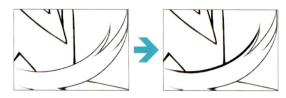

❸ブラシ形状

ブラシ形状をプリセットから選択して変更できる。

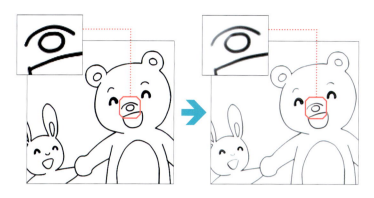

▼からブラシ形状のリストを開き、ブラシ形状を選択することが可能。[鉛筆]に変更すると濃淡のある線になる。

👉 線幅修正ツールで線幅を変える

[線修正] ツール→ [線幅修正] は、ベクター線の幅を手早く変更できるサブツール。処理の内容を [ツールプロパティ] パレットで設定し、線幅を変えたいところをなぞって使う。

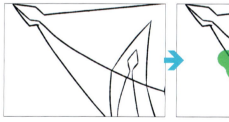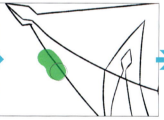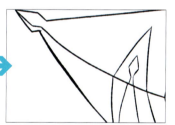

👉 制御点ツールで入り抜きを加える

[線修正] ツール→ [制御点] を使い、線にピンポイントで入り抜きを加えられる。[ツールプロパティ] パレットで [処理内容] を [線幅修正] に設定したとき、制御点を右にドラッグで線が太く、左にドラッグで線が細くなる。

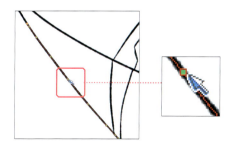

CHAPTER:01 06 定規できれいな形を描く

フリーハンドでは難しい直線やなめらかな線は、
[定規]ツールを使えばほかの線画と同じブラシツールで描くことができる。

定規の基本

[定規] ツールは、フリーハンドでは難しい作画を助けてくれる機能だ。

→ 定規にスナップ

[コマンドバー]で[定規にスナップ]がオンのときは定規にスナップ（吸着）しながら描画できる。

基本的に定規を使うときは[定規にスナップ]をオンにするが、[ガイド][パース定規][対称定規]などの定規は[特殊定規にスナップ]をオンにして使う。

→ 定規の表示範囲を設定

[定規の表示範囲を設定]を設定することで、定規が作成されたレイヤー以外でも定規を表示し使用することが可能になる。

❶ すべてのレイヤーで表示
　どのレイヤーを選択しても常に定規が表示される。

❷ 同一フォルダー内で表示
　同じレイヤーフォルダー内にあるレイヤーで定規が表示される。

❸ 編集対象のときのみ表示
　定規を作成したレイヤーにだけ定規が表示される。

→ 定規を削除

[レイヤー]パレットで定規アイコンをゴミ箱にドラッグ＆ドロップすると定規を削除できる。

定規の編集

定規の位置や大きさを変えたいときは、[操作]ツール→[オブジェクト]で定規を選択する。移動したり、拡大・縮小・回転したりすることができる。

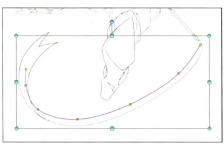

ベクター線のように制御点を動かして編集することも可能。

👉 きれいな曲線を描く

長いストロークのなめらかな曲線を描く際は、定規が役立つ。

1 ［定規］ツール→［曲線定規］は曲線を描くための定規だ。

2 初期設定では、曲線の作成方法が［スプライン］という設定になっている。

3 ［スプライン］は、クリックした点をつなげて曲線を作成する。ダブルクリックすると定規が確定される。

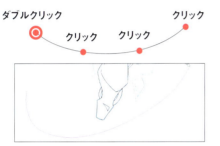

4 コマンドバーで［定規にスナップ］をオンに、ブラシツールに持ち替え、スナップさせながら曲線を描画する。

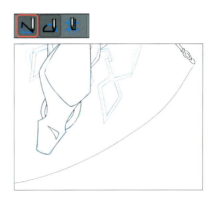

👉 対称定規で左右対称のアイテムを描く

1 左右対称のアイテムなどを描くときは［対称定規］が便利だ。［定規］ツール→［対称定規］を選びアイテムの中心を通すようにドラッグする。

［ツールプロパティ］パレットで［線の本数］を［2］にしておこう。

2 ［特殊定規にスナップ］がオンの状態で、定規を境に片側だけ描画すると、反対側も反転された状態で自動的に描画される。

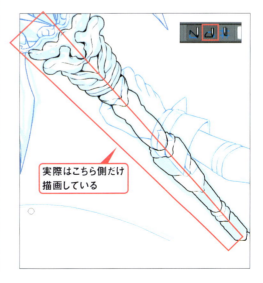

実際はこちら側だけ描画している

CHAPTER:01 07 紙に描いた線画を読み込む

ここでは実際の紙に描いた線画をスキャナやカメラで読み込んで、自由に編集できるデジタルデータにする流れを見ていこう。

👉 スキャンした線画を調整する

スキャナやカメラで読み込んだ線画を色調補正や不要な点（ごみ）をとってきれいなデータにする。

1 スキャナで線画をスキャンする。もしくはカメラで読み込んだ線画の画像ファイルを開く。

スキャナで読み込む

まずは新規キャンバスを作成してから［ファイル］メニュー→［読み込み］→［スキャン］を選択しスキャンする。

※スキャナの操作方法に関してはお手持ちの機種に付属する取扱説明書をご確認ください。

カメラで読み込む

カメラで撮った線画をPCに読み込んでおき、［ファイル］メニュー→［開く］より開く。

POINT
▶ iPad版の場合は［ファイル］メニュー→［読み込み］→［カメラ撮影］を選択するとカメラで撮影した画像を直接キャンバスに読み込める。

2 読み込んだ画像が画像素材レイヤーになっている場合は、［レイヤー］メニュー→［ラスタライズ］でラスターレイヤーにする。

画像素材レイヤーのアイコン

ラスタライズ→P26

3 読み込んだ画像は、そのままでは影やごみが入り込んでいるため、きれいな線画になるように加工する必要がある。まず［編集］メニュー→［色調補正］→［レベル補正］でコントラストを上げる。線を黒くし、背景のグレーは白くする。

シャドウ入力　　　　　　　　　ハイライト入力

［シャドウ入力］と［ハイライト入力］を中心に寄せるように動かすとコントラストが上がる。

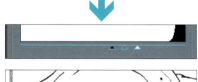

4. このままだと線画の背景が白いため、仮に下に色を塗っても表示されない。そこで線画を抽出する作業を行う。

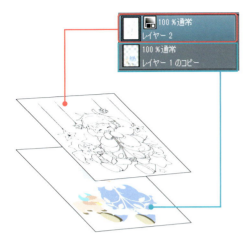

5. ［編集］メニュー→［輝度を透明度に変換］を選択すると黒い線画以外は透明になる。これで下にレイヤーを作成して色を塗りやすくなる。

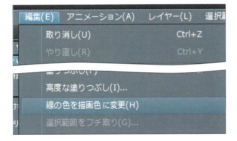

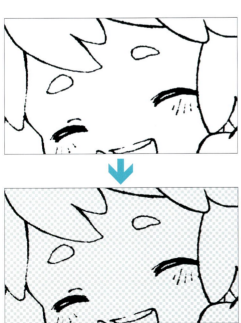

6. ［線修正］ツール→［ごみ取り］グループにある［ごみ取り］でスキャン時に写った小さな点のごみを消すことができる。

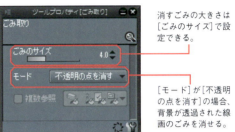

消すごみの大きさは［ごみのサイズ］で設定できる。

［モード］が［不透明の点を消す］の場合、背景が透過された線画のごみを消せる。

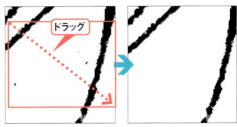

［ごみ取り］でドラッグした範囲のごみを消す。

7. 線画を見直し［ごみ取り］で消えなかった不要な線やごみがあれば修正して完了。

線画の調整完了

07 紙に描いた線画を読み込む

069

COLUMN

線が描けなくなったときは

線が描けないときは、いくつかの原因が考えられる。
下記のようなことを確認してみるとよい。

選択中のレイヤーを確認

キャンバス上で禁止マークが出てツールが使えなくなった場合は、選択しているレイヤーが原因の場合がある。たとえば用紙レイヤー、画像素材レイヤー、3Dレイヤーなどは描画できない。[レイヤー]パレットを確認してラスターレイヤー、もしくはベクターレイヤーといった描画可能なレイヤーが選択されているか確認しよう。ただしベクターレイヤーの場合、[塗りつぶし]ツールや[グラデーション]ツールは使えない。

ラスターレイヤーを選択して描画できるか確かめよう。

レイヤー順の確認

レイヤー順が上のレイヤーほど手前に表示されるため、下のレイヤーの描画部分が隠れることがある。選択中のレイヤーを上に配置してみて描画できるか確認してみよう。

選択中のレイヤーを一番上に持ってきて描画できるか確認。

レイヤーの表示／非表示の確認

選択中のレイヤーが非表示だと編集ができない。[レイヤー]パレットで目のアイコン(レイヤーの表示／非表示)が表示されているか見てみよう。

選択中のレイヤーが非表示になっている。

描画色を確認

描画色が透明色、もしくは白になっていないか確認してみよう。またレイヤーの表現色が[モノクロ]のとき、薄い色で描画すると白になって描かれている場合がある。

選択範囲の確認

どこかに選択範囲が作成されていて、思ったように描画できない場合がある。[選択範囲]メニュー→[選択を解除]を選択し、再度描けるかどうか確かめてみよう。

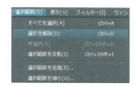

CHAPTER

2

塗りのテクニック

チャプター2では、下塗りから影や照り返しなどの彩色まで、
塗りのテクニックについて解説する。

---

01 下塗りのテクニック
02 塗り残しに塗るテクニック
03 塗った色を変更する
04 パーツ分けとクリッピング
05 キャラクターの下地を作る
06 影塗りのテクニック

07 光を描くテクニック
08 きれいな肌の塗り方
09 華やかな瞳にするテクニック
10 美しいツヤのある髪を塗る
11 背景にグラデーションを入れる

作例データをダウンロードできます。

CHAPTER:02 01 下塗りのテクニック

彩色のベースになる「下塗り」をすると影や照り返しなどを塗る作業が楽になる。
塗りつぶし方もいろいろあるので覚えておこう。

👉 塗りつぶしツールの使い方

下塗りはべた塗りで行うのが基本となる。べた塗りするときは、[塗りつぶし] ツールを使うと効率よく作業することができる。

→ 基本のサブツール

[塗りつぶし] ツールの基本的なサブツールは、[編集レイヤーのみ参照] と [他レイヤーを参照] だ。どちらもキャンバス上をクリックすると描画色で塗りつぶされる。

塗りつぶす範囲は、クリックした箇所の色で決められる。白なら白い部分が範囲になる。別の色で囲まれているときは、その中だけが塗りつぶされる。

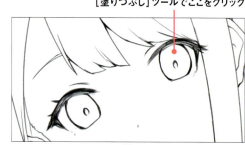

[塗りつぶし]ツールでここをクリック

❶ 編集レイヤーのみ参照
編集中のレイヤーにある線や塗りを基準に塗りつぶす。

❷ 他レイヤーを参照
すべてのレイヤーの線や塗りを基準にして塗りつぶす。

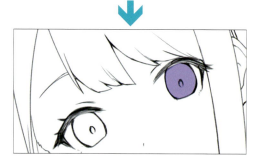

👉 塗りつぶしのツールプロパティ

[塗りつぶし] ツールを使う際の [ツールプロパティ] パレットの設定を確認しておこう。

→ 隣接ピクセルをたどる

[隣接ピクセルをたどる] をオフにすると、レイヤー内の同じ色の領域がすべて塗りつぶされる。通常はオンにしておくとよい。

通常はオンの状態に

[塗りつぶし]ツールでここをクリック

オンの場合
閉じた線で囲まれたところだけ塗りつぶされる。

オフの場合
白(クリックした箇所の色)がすべて塗りつぶされる。

→ 隙間閉じ

[隙間閉じ]をオンにすると、少しのすき間を閉じたものとして塗りつぶせる。

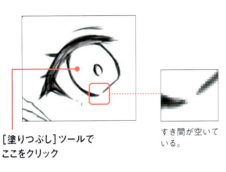

[塗りつぶし]ツールでここをクリック

すき間が空いている。

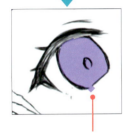

すき間からしみ出すように、わずかに色がもれる場合もあるが、少しの修正で済む。

→ 色の誤差

[色の誤差]は[塗りつぶし]ツールでクリックした箇所の色と同じ色として許容する範囲を設定する。たとえばクリックした箇所が白い場合、[色の誤差]が[0]だと、完全に白い部分だけが塗りつぶされる。

→ 領域拡縮

塗りつぶされる領域を広げたり縮めたりすることが可能。[領域拡縮]をオフにして塗りつぶすと、線と塗りの間に小さな塗り残しができる場合がある。

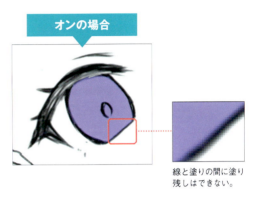

線と塗りの間に塗り残しはできない。

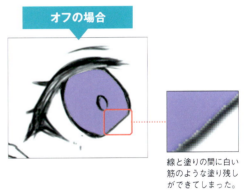

線と塗りの間に白い筋のような塗り残しができてしまった。

※作例は線画と塗りのレイヤーを分けている。

→ 参照先の設定

[複数参照]をオンにすると参照するレイヤーを設定できる。

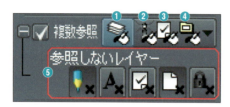

❶ **すべてのレイヤー**
すべてのレイヤーを参照する。

❷ **参照レイヤー**
参照レイヤーに設定されたレイヤーを参照する。

❸ **選択されたレイヤー**
編集中のレイヤーのほかに、複数選択したレイヤーを参照する。

❹ **フォルダー内のレイヤー**
編集中のレイヤーと同じレイヤーフォルダーに格納されたレイヤーを参照する。

❺ **参照しないレイヤー**
下描きレイヤー、テキストレイヤー、編集レイヤー、用紙レイヤー、ロックしたレイヤーを参照先から外すことができる。

☞ 線画を参照して塗りつぶす

線画と塗りのレイヤーを分けて、[塗りつぶし]ツールで下塗りしていく過程を見てみよう。

 1 [レイヤー]パレットで線画のレイヤーを選択し[参照レイヤーに設定]をオンにする。これで線画のレイヤーが参照レイヤーになる。

参照レイヤーに設定

参照レイヤーを設定すると、参照レイヤーのみ参照して塗りつぶしたり自動選択したりする操作が可能になる。

 2 線画レイヤーの下に塗り用の新規ラスターレイヤーを作成する。

線画のレイヤー（参照レイヤー）

塗り用のレイヤー

3 ［塗りつぶし］ツール→［他レイヤーを参照］を選択する。［複数参照］から［参照レイヤー］を選択する。これで参照レイヤーの線画を基準に塗りつぶしができる。

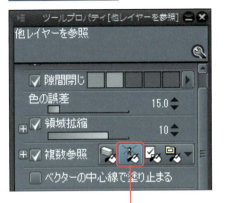

参照レイヤー（を参照）

4 塗り用のレイヤーを選択した状態で、塗りつぶしたい部分をクリックすると、線画レイヤーを参照しながら線で閉じられた範囲内が塗りつぶされる。

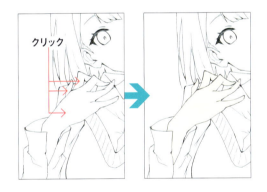

5 線が閉じていない場合は、［ペン］ツールなどですき間を埋めてから塗りつぶす。

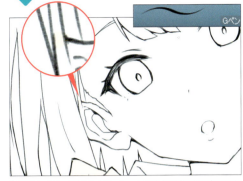

塗りのレイヤーで［ペン］ツール→［Gペン］を使い描画色ですき間を埋めた。

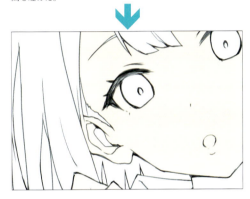

6 塗りつぶしが完了した。

 編集レイヤーを参照しない

［複数参照］の設定で参照先を決めた場合でも編集レイヤーは参照される。
編集レイヤーの描画部分が塗りつぶしの邪魔になる場合は［参照しないレイヤー］で［編集レイヤーを参照しない］をオンにするとよい。

CHAPTER:02 塗り残しに塗るテクニック

塗りつぶした部分に塗り残しができる場合がある。
対処法はいくつかあるので覚えておくとよいだろう。

👉 塗り残し部分に塗る

［塗りつぶし］ツール→［塗り残し部分に塗る］を使って塗り残しを楽に修正することができる。

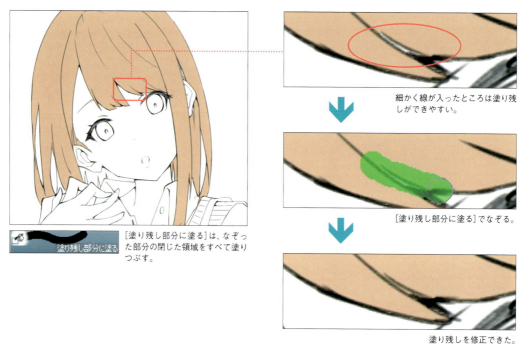

［塗り残し部分に塗る］は、なぞった部分の閉じた領域をすべて塗りつぶす。

細かく線が入ったところは塗り残しができやすい。

［塗り残し部分に塗る］でなぞる。

塗り残しを修正できた。

👉 囲って塗る

線で閉じられた領域がせまいと［他レイヤーを参照］などは使いにくい。その場合［囲って塗る］が便利だ。

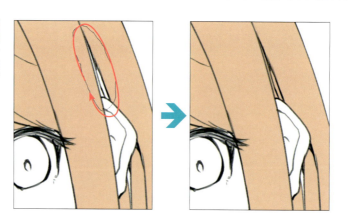

［塗りつぶし］ツール→［囲って塗る］は、「囲った内側にある」線で閉じられた範囲を塗りつぶす。

👉 ドラッグで塗りつぶす

線が多く入り組んだところは、[他レイヤーを参照] でドラッグすると素早く塗りつぶせる。

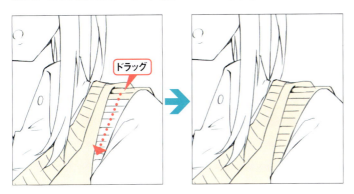

クリックとドラッグを使い分けて効率よく塗りつぶそう。

👉 ペンで塗る

線のすき間が大きい場合など、[塗りつぶし] ツールが使いにくいパーツは、[ペン] ツールで塗ってしまおう。

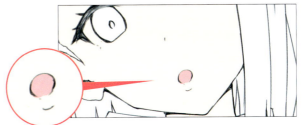

👉 塗り残しを見つける

用紙レイヤーの色を彩度の高い色に変更すると、塗り残しを見つけやすいので活用してみよう。

1 [レイヤー] パレットで用紙レイヤーのアイコンをダブルクリックすると [色の設定] ダイアログが表示される。彩度の高い色を選んで [OK] を押す。

2 用紙レイヤーの色が変わり、塗ってない部分がはっきりわかる。これで塗り残しを見つけやすくなった。修正後は用紙レイヤーの色を戻しておこう。

ダブルクリック

ここでは [カラーセット] を選択。

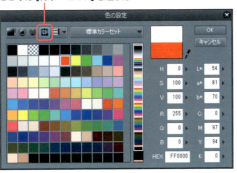

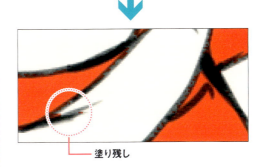

塗り残し

※ [レイヤー] パレットに用紙レイヤーがない場合は [レイヤー] メニュー→ [新規レイヤー] → [用紙] を選択する。

CHAPTER:02 03 塗った色を変更する

塗った色を変更したり、部分的に別の色を入れたりする方法がある。
どの方法も簡単な手順で行える。

線の色を描画色に変更

レイヤーに描かれた色をすべて描画色に変更するには、[編集] メニュー→ [線の色を描画色に変更] が便利。

1 下塗りした髪の色を変更してみよう。[レイヤー] パレットで髪を塗ったレイヤーを選択する。

2 [カラーサークル] パレットなどで、変更後の色を作成する。

3 [編集] メニュー→ [線の色を描画色に変更] を選択する。すると下塗りの色が描画色に変更される。

透明ピクセルをロック

色を塗った部分からはみ出さずに描画したい場合は、レイヤーの [透明ピクセルをロック] をオンにする。

1 ここでは瞳の色を変更してみよう。瞳を塗ったレイヤーを選び [透明ピクセルをロック] をオンにする。

透明ピクセルをロック

2 [カラーサークル] パレットなどで、変更後の色を作成する。

3 [編集] メニュー→ [塗りつぶし] を選択。描画色で塗りつぶされ、色を変更できた。

→ 線画の一部の色を変える

[透明ピクセルをロック]をオンにすると、部分的に別の色を乗せるようなことも簡単にできる。

1 [透明ピクセルをロック]をオンにした線画のレイヤーに、[エアブラシ]ツール→[柔らか]で赤い点線部分に色を入れていく。

2 線画に、部分的に色が入った。応用すれば線画を下塗りの色に合わせて細かく変化させるような描画も可能だ。

[柔らか]はぼんやりとした塗りになるので自然なグラデーションを作る。ここでは初期設定で使用している。ブラシサイズは[100]〜[300](px)と大きめにするのがおすすめ。

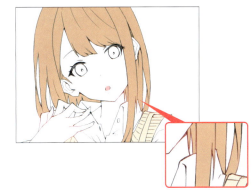

☞ クリッピングによる色の変更

色を変更するとき、[下のレイヤーでクリッピング]を利用すると、後で元の色に戻すことができる。

1 色を変えたいレイヤーの上に新規ラスターレイヤーを作成し[下のレイヤーでクリッピング]をオンにする。

3 元に戻したい場合は色を変更したレイヤーを[レイヤーを削除]で捨てるか、もしくはレイヤーを非表示にすればよい。

下のレイヤーでクリッピング

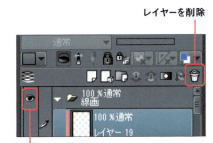

レイヤーを削除

レイヤーを非表示

2 ここでは線画レイヤーにクリッピングしたレイヤーで、線画の一部を赤く塗る。目尻のあたりを赤くするとふんわりとした印象になる。

03 塗った色を変更する

079

CHAPTER:02 04 パーツ分けとクリッピング

パーツごとにレイヤーを作り、それぞれを下塗り。
さらに下塗りの上に［下のレイヤーにクリッピング］したレイヤーで塗りを重ねていく。

👉 パーツごとにレイヤー分け

パーツごとにレイヤーを作る際、レイヤー名をダブルクリックして変更すると整理しやすい。

色分けする要素を考えながらパーツごとにレイヤーを作成し下塗りした。ここでは肌、白目、瞳、口、シャツ、髪、カーディガンで分けた。

レイヤー構造の例

新規レイヤーフォルダー

「塗り」レイヤーフォルダーを作成して管理している。

レイヤー順のセオリー
レイヤーは手前のものほど上に配置する。肌の上に白目、瞳……と順番に気を配っている。

👉 下のレイヤーでクリッピングではみ出さずに塗る

下塗りの上から塗りを重ねるときは［下のレイヤーでクリッピング］を活用しよう。

下のレイヤーでクリッピング

シャツを下塗りしたレイヤーの上に新規レイヤーを作成。［下のレイヤーでクリッピング］をオンにすると下塗りからはみ出さず塗り重ねられる。

仮に［下のレイヤーでクリッピング］をオフにすると実際は大きくはみ出して塗っているのがわかる

CHAPTER:02 05 キャラクターの下地を作る

線や塗りの薄いところに背景の色が透けて見える場合がある。
対策としてキャラクターの下地を作っておくと安全だ。

👉 レイヤーマスクで下地を作る

1 濃淡のある線画だと線の薄いところが目立ってしまう場合がある。薄いところは半透明なので背景の色が出てしまう。

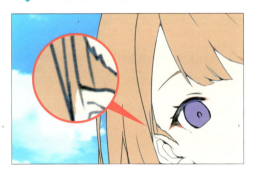

2 キャラクター以外の領域を［自動選択］ツールでクリックし選択範囲を作成する（背景がある場合はキャラクターだけを表示するとよい）。

※画像は選択範囲がわかりやすいように赤で色をつけている。

3 塗りをレイヤーフォルダーにまとめておき、フォルダーを選択した状態で［レイヤー］メニュー→［レイヤーマスク］→［選択範囲をマスク］。

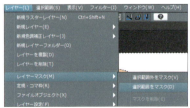

4 キャラクター以外の領域はレイヤーマスクによって隠される。以降、このレイヤーフォルダー内ではキャラクターの外側は描画できなくなる。

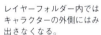

レイヤーフォルダー内ではキャラクターの外側にはみ出さなくなる。

レイヤーマスクのアイコン。黒い部分は非表示になる。

5 レイヤーフォルダー内の一番下にレイヤーを作成して［編集］メニュー→［塗りつぶし］でグレーで塗りつぶす。これがキャラクターの下地になる。

6 下地があると線や塗りが薄くても背景の色が透けて見えることはなくなる。

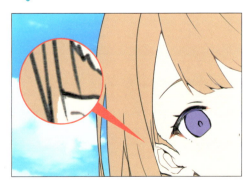

CHAPTER:02 06 影塗りのテクニック

影を入れて立体感を出していこう。
キャラクターイラストでは2〜3段階、影を入れることが多い。

👉 乗算で影を塗る

[乗算]は暗い色に合成する合成モード。これを活用して手軽に影の色を作ることができる。

1 レイヤーの[合成モード]は、下のレイヤーの色とさまざまな方式で合成する機能だ。[乗算]は色を掛け合わせるため暗い色に合成される。

2 [乗算]にしたレイヤーで、薄めのグレー(R=235、G=235、B=235)で影を塗ってみると、やや暗めの影ができた。

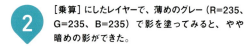
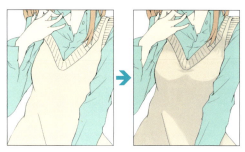

👉 彩度の高い影を作る

影の色の彩度が低いとイラストがくすんで見えることがある。鮮やかに見える影の色を作ってみよう。

1 下塗りの色をベースに影の色を作る。[カラーサークル]パレットで色相を青の側に近づけるように動かす。彩度は少し上げ、明度は下げる。

下塗りの色
R=183
G=223
B=213

H(色相)=165
S(彩度)=18
V(明度)=87

影の色
R=134
G=167
B=170

H(色相)=185
S(彩度)=21
V(明度)=67

POINT
▶ 青を混ぜるように影の色を作ると、くすまず、きれいな色になりやすい。

2 作成した描画色で影を塗る。鮮やかな影になった。仮に[乗算]で塗った影と比べてみるとわかりやすいだろう。

作った影

乗算の影

082

さらに暗い影を作る。2〜3段階影を描くとイラストがより立体的になり、塗りの密度も増す。最初の影よりやや彩度を上げ、明度は下げた。

2段階目の影

H(色相)=196
S(彩度)=26
V(明度)=50

1段階目の影と比べると色相はさらに青よりになり彩度が少し上がっている。

最も暗い影

H(色相)=196
S(彩度)=26
V(明度)=35

2段階目の影と色相と彩度は同じ。明度だけ下げている。

くっきりとした影の描き方

くっきりとした影は、影のりんかくを［ペン］ツールで描き、中を塗りつぶすときれいに描ける。

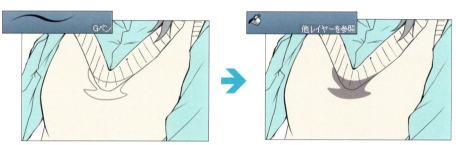

りんかくをなめらかな線にしたい場合は［手ブレ補正］の値を高くするとよい。りんかくを描けたら［塗りつぶし］ツールで塗りつぶす。

影にグラデーションを加える

［エアブラシ］ツール→［柔らか］で部分的に消したり、濃い色を入れて、グラデーションを加えるのもよい。

透明色を選択すると描いたところが透明になる。ここでは透明色の［エアブラシ］ツール→［柔らか］で一部分を消した。［柔らか］はブラシサイズを大きくし（ここでは［600］）トントン…と叩くように使った。

影の色より明度が低い描画色を［柔らか］で入れてみた。下の方が暗くなるように描画している。

CHAPTER:02 07 光を描くテクニック

光の照り返しやハイライトを加えよう。
合成モードを使った光の加え方も解説する。

白で照り返しを描く

照り返しの描画色は、下塗りの色を基準に作るとよい。ここでは下塗りに薄く白を乗せる方法を紹介する。

1 白を描画色にして、光が当たりそうなところに照り返しを描く。[筆]ツール→[不透明水彩]で濃淡をつけて描いている。

影のレイヤーの上に新規ラスターレイヤーを作成し[下のレイヤーでクリッピング]して塗っていく。

2 白を塗ったままでは照り返しが強すぎるので、レイヤーの不透明度を下げて調整する。これで下塗りの色と混ざり、自然な照り返しになる。

くっきりとした照り返し

アニメ塗りのようなくっきりとした照り返しを描くならP.83の「くっきりとした影」のように[ペン]ツールや[塗りつぶし]ツールを使うと描きやすい。

くっきりと塗った
照り返し

最も明るい色「ハイライト」の位置

強い光のハイライトは線画の上に描くのがセオリーだ。線画レイヤーの上にレイヤーを作成して描こう。

POINT
▶ ハイライトは線画の上に描かないと強い光の感じが出ない。

線画の上に白で描いた。

加算レイヤーで光を加える

合成モード［加算（発光）］は非常に明るい色に合成するので、光を表現するのに向いている。

1 新規ラスターレイヤーを作成し合成モードを［加算（発光）］に設定する。［エアブラシ］ツール →［柔らか］で描画する。

仮に合成モードを［通常］に、ほかのレイヤーを非表示にすると、このような描画になっている。描画色は下塗りと同じ色だ。

2 描画した部分がぼんやりと明るくなった。光の強さはレイヤーの不透明度で調整するとよい。ここでは27％とした。

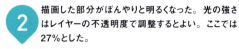

07 光を描くテクニック

 ### 合成した色を明るくする合成モード

［加算（発光）］のように色を明るく合成する設定はほかにもある。特に［覆い焼き（発光）］は［加算（発光）］に似た結果になりやすい。いろいろな設定を試してみよう。

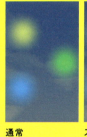			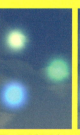		
通常	スクリーン	覆い焼きカラー	覆い焼き（発光）	加算	加算（発光）

085

CHAPTER:02

08 きれいな肌の塗り方

肌を上手に塗るには、肌色を上手に作れるかどうかが重要になるだろう。
ASSETSの素材も利用しながら理想の肌に近づけよう。

👉 肌色の例

イラストの肌色の例を紹介する。ポイントは影色の鮮やかさ。ベースの色よりも影のほうが彩度が高い。

ベースの色（下塗り）
R=255、G=242、B=228
色相（H）=31
彩度（S）=11
明度（V）=100

基本の影
R=239、G=160、B=153
色相（H）=6
彩度（S）=33
明度（V）=94

最も濃い影
R=208、G=111、B=102
色相（H）=5
彩度（S）=51
明度（V）=82

薄く明るい下塗りの上に鮮やかな色の影を入れると色白で血色のよい肌になる。

👉 ASSETS　肌色カラーセット

ASSETSで公開されている「肌色カラーセット」をダウンロードして活用してみよう。

1 CLIP STUDIOの[素材をさがす]からASSETSを表示。「肌色カラーセット」で検索してみよう。セルシス公式の肌色カラーセットは無料でダウンロードできる。

2 [カラーセット]パレットで[カラーセット素材を読み込み]をクリック。

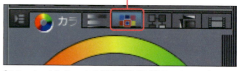

[カラーセット]パレットのタブ

[カラーセット]パレットは初期状態では[カラーサークル]パレットに隠れている。タブをクリックして表示させよう。

カラーセット素材を読み込み

086

3 ［カラーセット素材を読み込み］ダイアログでダウンロードした素材を選び［OK］をクリックする。

4 ［カラーセット］パレットに肌色カラーセットが追加された。肌色を塗るときに活用するとよいだろう。

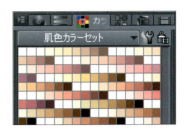

赤みを入れる

可愛いキャラクターを描くときは、肌に赤みを加えると可愛らしさが際立つ。

1 ［エアブラシ］ツール→［柔らか］で、ほおのあたりを中心にぼんやりと赤みを入れる。

2 ［ペン］ツール→［Gペン］でツヤになるハイライトを入れると、塗った赤みがより引き立つ。

反射光

反射光とは周囲の色が映り込んだ光のこと。肌色に青みがかった反射光を入れると透明感が増す。

1 彩度の低い寒色（青などの寒さや冷たさを感じさせる色）を描画色にし、［不透明水彩］などで筆圧をかけすぎないように塗る。

2 すると寒色と地の色の中間の色ができるので［スポイト］で描画色にする。

R=170、G=180、B=255

3 反射光を塗る。シャツの色が写り込んだようなイメージで首のあたりに塗っている。

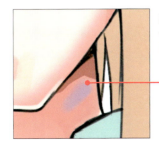

寒色と地の色が混ざった箇所の色を［スポイト］で取得。

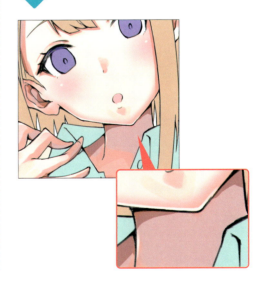

08 きれいな肌の塗り方

CHAPTER:02 09 華やかな瞳にするテクニック

キャラクターの瞳は最も目立つポイント。
イラストを華やかなものにするには、ていねいに細かく仕上げていく必要がある。

瞳が描き上がるまで

作例で瞳を描き込んで完成させるまでを見ていこう。

1 キャラクターイラストの瞳は、まつ毛を厚めに描く。まつ毛は瞳を飾る役割のほか、その濃い色が見る人の視線を誘導する。

上まつ毛を線を重ねて厚く描いている。

2 白目には、まぶたから落ちる影を描く。白目の上に［下のレイヤーでクリッピング］したレイヤーを作成、［筆］ツール→［不透明水彩］で塗っていく。

 これ以降、ほとんどの塗りは［不透明水彩］で行う。

3 瞳にもクリッピングしたレイヤーに影を描く。キャラクターイラストの場合、瞳の上のほうを濃く塗るのがセオリーだ。

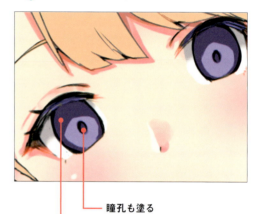

瞳孔も塗る

上は影を入れて濃く

瞳の影の色
R=8、G=64、B=109

不透明水彩の設定

作例では［不透明水彩］は［サブツール詳細］パレットで［下地混色］をオフにしている。描画時に下地の色が混ざらない設定だ。
下地混色→P.98

チェックを外す

影の色よりも暗い色を作り、ブラシサイズを細くした［不透明水彩］で影のフチなどを入れてディテールアップした。

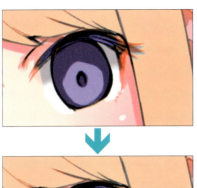

 R=59、G=49、B=67

5 瞳に写り込んだ光を描く。［不透明水彩］を使い弱い筆圧で描いたところは、やや半透明になる。反射光の透明感を出したいところは筆圧を弱くし不透明度をコントロールする。

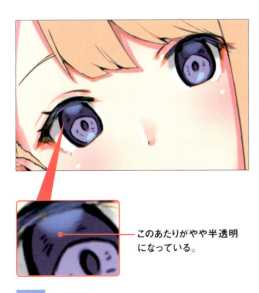

R=154、G=170、B=244

6 ［ペン］ツール→［Gペン］で光の粒のようなものを描き足し、瞳をより華やかな印象にする。

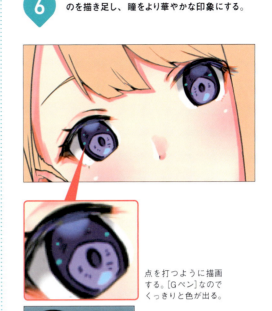

点を打つように描画する。［Gペン］なのでくっきりと色が出る。

R=89、G=255、B=234

7 描画色を白にし、線画より上にレイヤーを作成してハイライトを入れる。［不透明水彩］で描いているので少し濃淡が出て、ハイライトの端が少しにじんでいる。

瞳の塗りの完成！

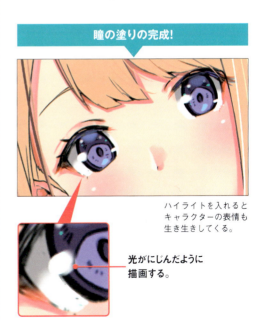

ハイライトを入れるとキャラクターの表情も生き生きしてくる。

光がにじんだように描画する。

09 華やかな瞳にするテクニック

089

CHAPTER:02 10 美しいツヤのある髪を塗る

髪の柔らかさとツヤを出すために、照り返しと影をていねいに入れていく。
髪の流れに注意しながら筆を動かすとよいだろう。

髪の塗りができるまで

髪の塗りについて作例で解説する。さまざまな塗り方があるが一例として参考にしてほしい。

1 髪全体にグラデーションを入れる。下塗りの上にレイヤーを作成し、[下のレイヤーでクリッピング]した後、[エアブラシ]ツール→[柔らか]で描画した。

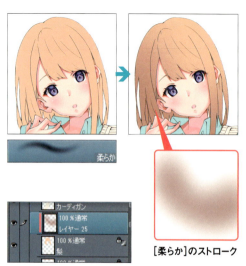

以降、新規レイヤーを作成→[下のレイヤーでクリッピング]を繰り返して塗り重ねていく。

2 髪の流れにそって影を入れる。使用したのは[下地混色]をオフにした[筆]ツール→[不透明水彩]だ。修正も透明色にした[不透明水彩]で行う。

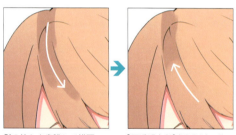

髪の流れを意識して描画。　[不透明水彩](透明色)で修正。

3 濃くっきりした影は[ペン]ツール→[Gペン]で描いている。ところどころのエッジを、透明色を使った[柔らか]でぼかしている。

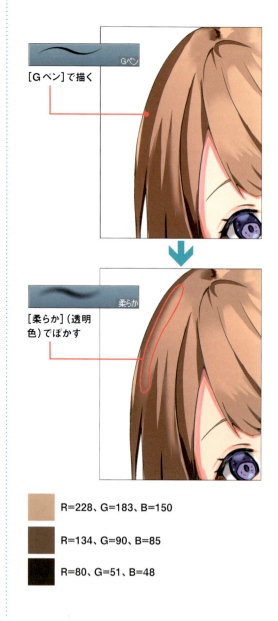

R=228、G=183、B=150
R=134、G=90、B=85
R=80、G=51、B=48

4 合成モードを［スクリーン］にしたレイヤーに［柔らか］で寒色の反射光を入れた。

6 明るい色を描画色にし、ブラシサイズを細くした［不透明水彩］で髪の束から外れた髪の毛を描画する。何本か書き加えると、軽い髪のサラサラした感じが出せる。

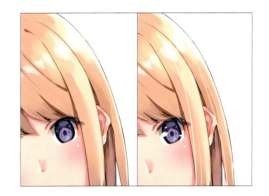

髪の塗りの完成！

5 照り返しは描画色の色相を黄に近づけ、明度を上げた色で塗る。最も明るい色は白を描画色にした。すべて［不透明水彩］で塗っている。

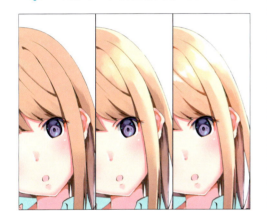

ASSETS 髪色カラーセット

ASSETSには「髪色カラーセット」も公開されている。［カラーセット］パレットに追加して活用しよう。

「髪色カラーセット」で検索しよう。

カラーセット素材の読み込み

追加の手順はP.86の「肌色カラーセット」と同じだ。ASSETSでダウンロードした素材を［カラーセット］パレットで［カラーセット素材の読み込み］から読み込もう。

CHAPTER:02 11 背景にグラデーションを入れる

［グラデーション］ツールやグラデーションレイヤーを使って、
背景などの広い面にグラデーションを入れてみよう。

👉 グラデーションツール

［グラデーション］ツールのサブツールは［描画色から透明色］と［描画色から背景色］が基本だ。

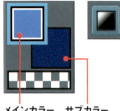
メインカラー　サブカラー

上記の描画色で［グラデーション］ツールを使った場合、右のようになる。

描画色から透明色
［描画色から透明色］は、カラーアイコンでメインカラーに設定した色からだんだんと透明になるグラデーションになる。

描画色から背景色
［描画色から背景色］は、カラーアイコンで設定したメインカラーからサブカラーへのグラデーションになる。

👉 グラデーションレイヤー

［レイヤー］メニュー→［新規レイヤー］→［グラデーション］を選択でグラデーションレイヤーが作成される。

→ グラデーションの編集

［レイヤー］パレットでグラデーションレイヤーを選択し、［操作］ツール→［オブジェクト］を選ぶと、グラデーションの編集が可能になる。

［オブジェクト］選択時の［ツールプロパティ］パレットでグラデーションの形状や角度などを編集できる。

色を変更
カラーアイコンのメインカラーとサブカラーを変えると色が変わる。

キャンバス上でハンドルを操作してグラデーションの形状を編集することが可能だ。

CHAPTER

3

水彩塗りと厚塗り

ここではデジタルイラストで定番の水彩塗りと厚塗りの
使用ツールやテクニックについて紹介する。

---

01 水彩塗り：ツールの基本
02 水彩塗り：色を混ぜながら塗る
03 水彩塗り：にじみを表現する
04 水彩塗り：絵の具だまりを表現する

05 水彩塗り：テクスチャで質感を出す
06 厚塗り：ツールの基本
07 厚塗り：風景を描く

作例データを
ダウンロード
できます。

CHAPTER:03
01

水彩塗り：ツールの基本

［筆］ツールの［水彩］グループを中心に、水彩塗りに使用するブラシツールを紹介する。
ASSETSのブラシ素材も試してみよう。

👉 水彩用のブラシツール

［筆］ツールの［水彩］グループには水彩塗りに使えるサブツールが揃っている。

不透明水彩
基本的な水彩用のブラシツール。筆圧の加減で不透明度を調整できる。

透明水彩
薄く描画されるので下の色が透けやすい。強い筆圧で濃く塗ることもできる。

濃い水彩
弱い筆圧でも濃く描画される。ポスターカラーのような感覚で塗れる。

 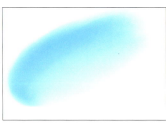

滑らか水彩
濃淡が出やすく、下地の色となめらかに混ざる。ストロークを重ねると筆あとが消えてなめらかな塗りになる。

太めのブラシサイズでストロークを重ねた例。

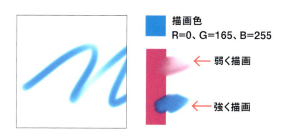

描画色
R=0、G=165、B=255

← 弱く描画

← 強く描画

塗り&なじませ
弱く描画すると下地の色が強く出て、強く描画すると描画色が強く出る。

水彩毛筆
ストロークに毛筆のような筆あとができる。

にじみ縁水彩
ストロークの端が紙に絵の具がにじんだようになる。

水多め
たっぷり水を含んだ絵筆のようなブラシ。[水彩境界]の設定によりストロークのフチが濃く描画される。

紙質強調
テクスチャが設定されているため、ストロークに紙のざらざらしたような質感が出る。

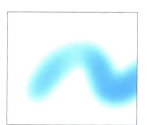

重ねムラブラシ
ぼんやりとしたストロークを持ち、色のグラデーションを作りやすい。

01 水彩塗り：ツールの基本

👉 線画でアナログ風に描く

水彩画の線画は鉛筆で描かれることが多い。[鉛筆]ツールのサブツールから好みのものを選ぼう。

→ 鉛筆選びの例

線画用のツールは、鉛筆の粒子のような感じが出るものを選ぶとよい。

作例は[色鉛筆]で描かれている。ストロークに見える細かな粒子が、水彩塗りのやわらかい描画に適している。

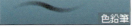

色鉛筆
ほかの[鉛筆]ツールより薄く描画されやすい。
ストロークが重なった部分は濃くなる。

→ おすすめの鉛筆ツール

リアル鉛筆
ストロークを拡大してみると、濃い描画部分に白い粒のようなものができて、それがざらざらした鉛筆の感じを表現している。

デッサン鉛筆
粗い粒子のようなものが見えるほか、筆圧の下限で濃淡をつけやすいのが特徴。

粗い鉛筆
粗い鉛筆の粒子が見えるようなツール。筆圧による太さの強弱(入り抜き)をつけやすい。

👉 水彩用の色混ぜツール

[色混ぜ] ツールは、単体で描画するツールではなく、すでに塗ってある部分に使用するためのものだ。色の境界をなじませたり、ぼかしたりして使う。水彩塗りに使えるものを活用しよう。

繊維にじみ
紙の繊維に絵の具がにじんだような感じを出すことができる。

水彩なじませ
筆あとのようなストロークで描画部分を引っ張る。アナログの筆の感じを出したいときに使える。

👉 ASSETSの水彩ツール

ASSETSでは水彩塗りに便利な素材がたくさんアップロードされている。ぜひ試してみよう。

1 CLIP STUDIOの[素材をさがす]よりASSETSを開く。「水彩」で検索し、表示された素材をダウンロードしてみよう。

2 ダウンロードした素材は[素材]パレット→[ダウンロード]にある。[サブツール]パレットにドラッグ&ドロップで追加して使おう。

サブツール素材を読み込み
[サブツール]パレット下部の[サブツール素材を読み込み]からも素材を追加できる。

→ ASSETSでダウンロードできる素材の例

乾燥にじみ水彩
強い筆圧だとガサガサした感じのストロークになり、弱い筆圧だと周りの色を混ぜながら薄く描画できる。

丸筆
丸筆形状の[水彩]ツール。筆あとを残したアナログ風の塗りができる。

CHAPTER:03 02 水彩塗り：色を混ぜながら塗る

［筆］ツールの［下地混色］の設定を利用して
色を混ぜながら塗る方法を見ていこう。

👆 下地混色

水彩塗りの特徴を出せる［下地混色］の設定について解説する。［下地混色］は下地の色と描画色を混ぜる効果を設定することができる。

→ 下地混色をオンにしたときの設定

［下地混色］の設定は、［サブツール詳細］パレットの［インク］カテゴリにある。

❶ 絵の具量

混色したときの描画色のRGB値を混ぜる割合を設定する。低いほど下地の色が強く出る。

❷ 絵の具濃度

混色したときの描画色の不透明度の割合を設定する。低いほど下地の色の不透明度の影響を受ける。

❸ 色延び

混ざった下地の色をどのくらい引っ張るかを設定する。

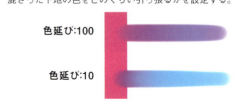

→ 同じレイヤーの色と混ぜる

［下地混色］の設定がオンになっていると、同じレイヤーにすでに塗られた色と混ぜながら描画することが可能になる。
レイヤーが分かれていると［下地混色］の設定は影響しない。
同じレイヤーですでに塗られた色の影響を受けずに塗りたい場合は、オフにするとよい。→P.88

下地混色の例（不透明水彩）

- 通常のストローク
- ストローク中にある下地の色を引っ張る。
- 塗り始めの箇所に下地の色があると描画色が出にくくなる。

不透明水彩で塗る

[不透明水彩]を使って下地と混ぜながら塗ってみる。

1 始めのうちはブラシサイズを大きくしてざっくりと塗ってしまう。また最初の段階では濃い色は使わないほうがよい。

 ## 塗る順番と描画色

アナログの水彩画の場合、塗りの過程は、薄い色から始めて濃い色を乗せていくのがセオリーだ。濃い色から塗ってしまうと上から薄い色で塗ってもよく色が出ず失敗しやすい。

デジタル作画ならいくらでも上に薄い色を塗り重ねられるので、失敗の危険は少ないが、セオリー通り、薄い色→濃い色の順で塗ったほうがリアルな水彩画に近くなる。

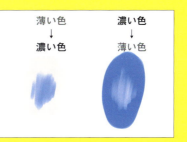

デジタル作画の場合でも薄い色→濃い色の順で塗るほうが水彩らしくなる。濃い色→薄い色の順で塗ると、油彩画のようになりやすい。

2 同じレイヤー上で塗り重ねる。始めは色を置く感じで塗る。ペンを動かす方向は描くものの質感によって決める。

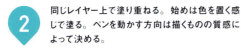

 3 筆圧を弱くしてペンを動かすと色がのびて下地とも自然にまざっていく。描画を繰り返すほど筆あとは消える。

CHAPTER:03 水彩塗り：にじみを表現する

水彩塗りに特徴的なにじみの表現を演出してみよう。
[にじみ縁水彩]を使うのがおすすめだ。

むらを出しながら塗る

筆圧で濃淡を出しながら塗ってむらが出るようにする。べた塗りした下塗りからも水彩塗り風にできる。

1 チャプター2で解説したように、べた塗りの下塗りがあると効率よく作業できるが、このままでは水彩塗りらしくない。

3 [にじみ縁水彩]は筆圧の強さで濃淡がつく。筆圧をコントロールしながら濃い部分と薄い部分を作っていこう。

2 塗りむらを加えて水彩塗りにしていく。[にじみ縁水彩]がむらを出しやすい。ブラシサイズによって、むらの感じが変わるので、試し描きして変更するとよい。

はっきり色を出したいところは強い筆圧で描画する。

筆圧を弱くして塗りを広げていくときれいに濃淡ができる。

[にじみ縁水彩]には初めからストロークにむらがある。

 R=137、G=180、B=225

4 描画色を変えて混ぜてみる。色を置いてその周りを弱い筆圧でなじませていく。[スポイト]で周りの色を拾ってなじませてもよい。

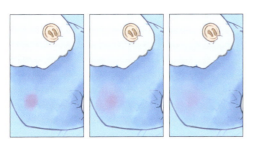

さまざまな色を入れてはなじませるを繰り返していくと、複雑な色みの塗りになっていく。

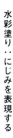

にじみを後から加える

アナログの水彩画なら水を使ってにじみを出すが、デジタル作画の場合はツールで後からにじみを加えられる。

→ 繊維にじみを使った例

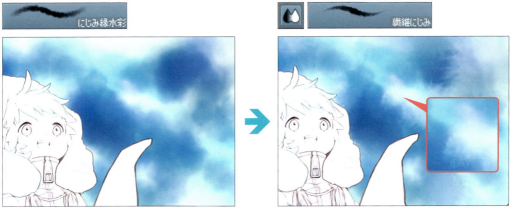

[にじみ縁水彩]で色を重ねてランダムな感じに塗った背景。

[色混ぜ]ツール→[繊維にじみ]に持ち替え、にじませたいところでペンを動かす。

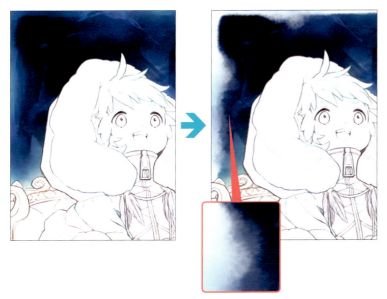

→ 塗り残しのような演出

アナログの水彩画では、塗らない部分を作って紙の色をそのまま出す場合がある。作例ではそれをイメージし、白を描画色にして塗った上で、[繊維にじみ]でにじみを表現した。

101

CHAPTER:02 04 水彩塗り:絵の具だまりを表現する

絵の具だまりを表現した［水彩境界］の設定を使うことで、
より水彩らしい雰囲気が出せる。

👉 水彩境界

描画部分に濃いフチができる［水彩境界］の設定を覚えておこう。

➡ 水彩境界とは

アナログ水彩では、水を含んだ筆で塗ったところが乾くと、絵の具だまりができて部分的に濃くなることがある。［水彩境界］は絵の具だまりを表現する機能としてストロークやレイヤーの描画部分に効果を追加する。

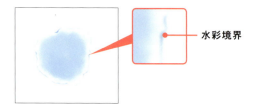

水彩境界

➡ ブラシツールの水彩境界

ブラシツールに［水彩境界］を設定すると、線のフチが濃くなる。［筆］ツール→［水彩］の［水多め］のように、初期状態で［水彩境界］が設定されているブラシツールがあるが、［筆］ツールのサブツールなら、どれでも［水彩境界］を設定することが可能だ。設定は、［サブツール詳細］の［水彩境界］カテゴリで行う。

❶ 水彩境界
チェックマークを入れ［水彩境界］をオンの状態にして設定する。スライダーを右に動かすと［水彩境界］の範囲が大きくなる。

❷ 透明度影響
混色したときの描画色のRGB値を混ぜる割合を設定する。低いほど下地の色が強く出る。

❸ 明度影響
［水彩境界］の明度を設定する。値を大きくするほどフチが黒くなる。

❹ ドラッグ後に処理
オンにすると、線を引いた後に［水彩境界］が出るようになる。

❺ ぼかし幅
［水彩境界］でできたフチの描画をぼかす。［ドラッグ後に処理］がオンのときだけ設定できる。

➡ レイヤープロパティの水彩境界

［レイヤープロパティ］パレットの［境界効果］をオンにし、［水彩境界］を選択すると、レイヤーの描画部分に［水彩境界］の効果が表れる。

境界効果

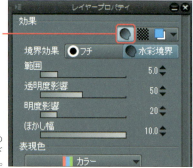

設定項目はブラシツールの
［水彩境界］とほぼ同じ（［ドラッグ後に処理］のみない）。

手描きで絵の具だまりを作る

1 塗った部分に手を加えて、絵の具だまりを描いてしまってもよいだろう。作例では描画部分の端に［にじみ縁水彩］で少し濃い色を入れた。

2 内側の描画部分となじませてグラデーション状にする。ツールは［色混ぜ］ツール→［繊維にじみ］を使っている。

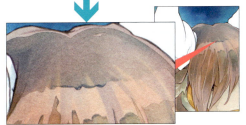

［にじみ縁水彩］のサイズは［15］(px)にした。

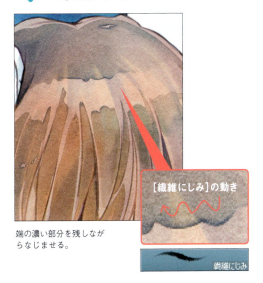

端の濃い部分を残しながらなじませる。

透明色で消して作る絵の具だまり

描画部分の端を残すように消すと、絵の具だまりのような表現になる。［消しゴム］ツールは使わず、にじみのあるブラシツールで透明色を使うのがおすすめだ。

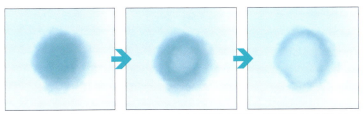
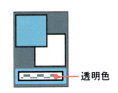

［にじみ縁水彩］で描画したものを、同じツールのまま透明色を選択し、描画部分の中を消していく。

CHAPTER:03 05 水彩塗り：テクスチャで質感を出す

水彩塗りのイラストにテクスチャで質感を加えると、
よりリアルな水彩画の雰囲気に近づく。

👉 テクスチャと質感合成

［素材］パレットにあるテクスチャ素材を使うと、イラストに質感を加えることができる。水彩塗りに紙のような質感は相性がよいので試してみよう。

1 ［素材］パレット→［単色パターン］→［テクスチャ］にはテクスチャの素材が用意されている。まずはキャンバスに貼り付ける。

細目
今回は［細目］を選んだ。目の細かい紙のようなテクスチャだ。

ドラッグ&ドロップ

2 ［レイヤープロパティ］パレットで、［質感合成］をオンにするとテクスチャが下の画像とより自然に合成される。

質感合成

3 レイヤーの不透明度を下げてテクスチャの強さを調整する。これでイラストに質感が加わった。

👉 合成モードの活用

テクスチャのレイヤーに合成モードを設定することで色合いに変化をつけられる。

1 ［素材］パレット→［単色パターン］→［テクスチャ］の［玉杢］を貼り付け、［質感合成］をオンに、レイヤーの不透明度は［40］％にした。

2 合成モードを［ハードライト］に設定。色が鮮やかに明るくなった。また暗い色の箇所に比べ、明るい部分は質感が目立たなくなった。

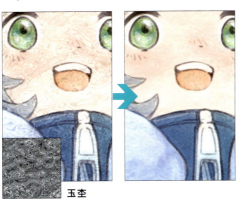

玉杢

👉 フィルター機能でテクスチャを作る

1 作例イラストでは「細目」「玉杢」のほかに、フィルター機能で作ったテクスチャも使用している。まず新規レイヤーを作成しグレーで塗りつぶす。

2 ［フィルター］メニュー→［描画］→［パーリンノイズ］を選択。［スケール］の値を小さくすると目の細かい「ノイズ」の模様になる。

作成したノイズ模様　適用前　適用後

作例では合成モード［オーバーレイ］、不透明度［41］％で重ねている。

05 水彩塗り・テクスチャで質感を出す

CHAPTER:03 06 厚塗り：ツールの基本

厚塗りは、厚く色を乗せてリアルな描写や重厚な仕上がりを目指す塗り方。
まずは厚塗りに向いているツールを紹介する。

👉 厚塗り用ツールの例

厚塗りに使うツールは、色を乗せるものと、塗った色をなじませるものを用意するとよいだろう。

→ 色を乗せるツール

色を乗せるツールは、少し濃淡のあるクセのないものがおすすめ。塗りのときに筆あとを残しながら描画すると厚塗りらしくなるが、筆あとを残したくないときは［エアブラシ］ツール→［柔らか］を使ってもよい。

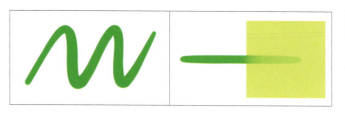

油彩

［筆］ツール→［油彩］グループにある［油彩］は、クセのないツール。［下地混色］の設定で、下地の色と混ぜながら塗ることができる。

 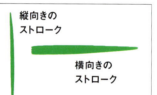

油彩平筆

［筆］ツール→［油彩］グループにある［油彩平筆］は平筆のようなかすれた描画ができる。ペンを横に動かすと太めのストロークになる。

濃い鉛筆

［鉛筆］ツール→［濃い鉛筆］はオーソドックスな線画用のツールだが、ブラシサイズを上げると丸筆のような感覚で塗ることができる。

柔らか

［エアブラシ］ツール→［柔らか］で、ぼけのあるスプレー状の描画を加えることで、塗りの面がなめらかになる。多用しすぎると平板な印象になり厚塗りの重厚さが薄くなるので注意したい。

 油彩にこだわらなくてよい

厚塗りは、リアルな描画に適しているところなど、油絵に似た面があるが、［油彩］ツールにこだわる必要はない。ここで紹介した［濃い鉛筆］のように［鉛筆］で彩色するイラストレーターも多い。

→ なじませるツール

筆あとを消したり、塗った面をなめらかにしたりするときは、[色混ぜ] ツールが便利だ。

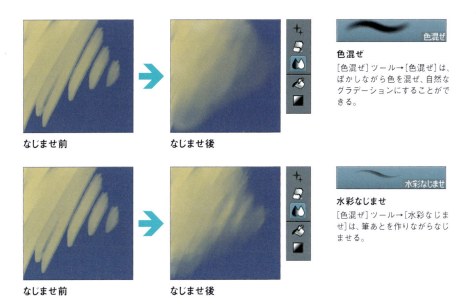

色混ぜ
[色混ぜ] ツール→[色混ぜ] は、ぼかしながら色を混ぜ、自然なグラデーションにすることができる。

水彩なじませ
[色混ぜ] ツール→[水彩なじませ] は、筆あとを作りながらなじませる。

ASSETSの厚塗りツール

ASSETSにある [油彩] 素材など、厚塗りに使えるブラシツールを探して試してみるとよい。

1 CLIP STUDIOの [素材をさがす] よりASSETSを表示。「油彩」や「厚塗り」などで検索して厚塗り用のブラシツールを探してみよう。

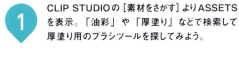

2 [素材] パレットの [ダウンロード] から [サブツール] パレットにドラッグ&ドロップしていつでも使えるようにしておくとよい。

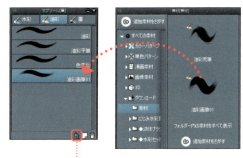

サブツール素材を読み込み
[サブツール]パレット下部の[サブツール素材を読み込み]からも素材を追加できる。

→ ASSETSでダウンロードできる素材の例

油彩画筆01
油絵のようなタッチで描けるブラシツール。油分が多めの絵の具で塗ったような描画ができる。

油彩荒筆
筆あとを出しながら塗れるブラシツール。下地の色と混ぜながら描画できる。

107

CHAPTER:03 07 厚塗り：風景を描く

ここでは、厚塗りでどのように描画を重ねていくのか、
風景イラストを例に見ていこう。

👉 1枚のレイヤーで塗るのが基本

厚塗りでは、基本的に塗りのレイヤーは分けず、1枚のレイヤーで塗り重ねていく。

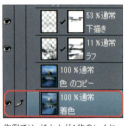

作例では、ほとんど1枚のレイヤーで彩色している。

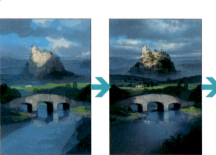

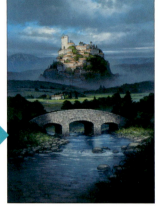

👉 線画を部分的に残す

厚塗りの場合、線画は仕上がりで消えてしまうことが多い。線画を部分的に残したい場合はレイヤーマスクを使うとよい。

1 線画のレイヤーを選択して［レイヤーマスクを作成］をクリックすると、レイヤーマスクが追加される。

レイヤーマスクを作成

3 塗りを進めながら不要な線画を非表示にしていく。完成した作例ではほとんど線画は消えたが、一部は薄く残している。

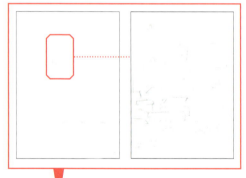

2 レイヤーマスクを選択した状態で［消しゴム］ツールで消すと、線画レイヤーを保持したまま部分的に非表示にできる。

クリックして選択

レイヤーマスクサムネイル
レイヤーマスクを編集するときはレイヤーマスクサムネイルを選択する。

ツールの不透明度を下げて塗り重ねる

ツールの［不透明度］を下げて塗り重ねると、下の色を透かしながら少しずつ色を重ねていくことができる。特に雲は空の色を透かしている部分があるので、薄い塗りをていねいに重ねていく方法が合っている。

雲を塗る

雲は［不透明度］を［40］くらいにした［エアブラシ］ツール→［柔らか］で、塗り重ねていく。

雲の影になる色を置いた上から、［柔らか］で少しずつ彩色して雲らしくしていく。暗い色は青、明るい色は黄色を混ぜるように描画色を作るとよい。

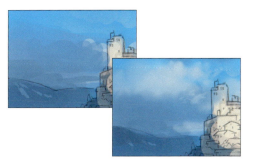

細かいストロークで、明るい面ほど何度も塗り重ねるようにすると、最初に置いた影の色と混ざって色に厚みが出る。

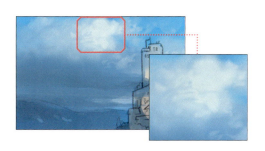

遠くに見える街を塗る

街は［不透明度］を［60］くらいにした［鉛筆］ツール→［濃い鉛筆］で彩色している。遠くに見える景色は、コントラストを弱くしたほうが遠近感を出せるため、影を濃くし過ぎないように塗るのがポイント。

ほとんどの塗りは［不透明度］を下げた［濃い鉛筆］を使っているが、タッチを加えたい部分は［油彩平筆］を使って、平筆らしい筆あとを残している。

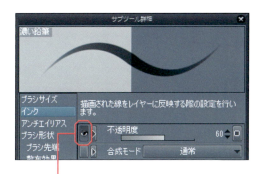

目のアイコンを表示して［ツールプロパティ］パレットに反映。

初期設定の［鉛筆］ツール→［濃い鉛筆］の場合、［不透明度］を変更するには［サブツール詳細］パレットを開く必要がある。［サブツール詳細］パレットの［インク］カテゴリにある［不透明度］の目のアイコンを表示させると、［ツールプロパティ］パレットで［不透明度］の設定が調整できるようになる。

 空気遠近法

遠くの景色を薄く霞んで見えるように描くと遠近感を表現できる。このように距離によって彩色に差をつけ遠近感を出す技法を空気遠近法という。

👉 暗い部分→明るい部分の順で塗る

明るい色を上に乗せていくように塗ると厚塗りの重厚な感じが出る。

ざっくりとラフに塗ったところに[濃い鉛筆]で細部を描いていく。

雑草は、単調にならないように幾つかの種類の草を描き分ける。

光と影の境目の草を細かく描き込むと、少ない描き込みで完成度を高く見せられる。

最後に最も明るい色で、光が強く当たるところの草を描く。

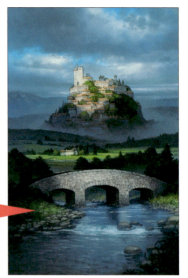

👉 仕上げ

色調補正や合成モードを使用し、仕上げの完成度をアップさせる。これらの加工用のレイヤーは塗りのレイヤーより上に作成して作業している。

> 加工についてはチャプター4で解説している。
> 色調補正→P.112「色調補正で色みを調整する」
> 合成モード→P.114「合成モードで色と光を演出」

色調補正レイヤーでコントラストを少しだけ上げている。

合成モードを[オーバーレイ]にしたレイヤーに[柔らか]で明るい色を加えた。

塗りのレイヤー。最後に加筆した鳥だけ、位置を調整できるように別レイヤーに描いている。

完成

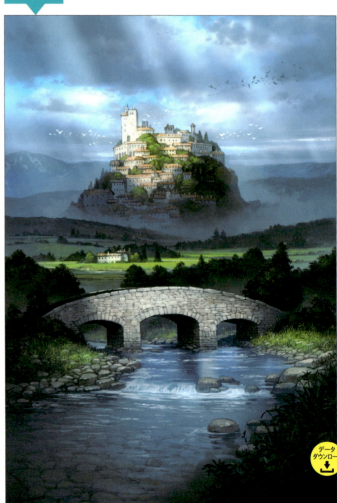

最後に加筆した鳥

CHAPTER

4

画像の加工

イラストをプロのような仕上がりに近づける加工や、
デザインワークで使えるパターンの作り方、加工の方法などを解説する。

01　色調補正で色みを調整する
02　合成モードで色と光を演出
03　グロー効果でイラストを輝かせる
04　ぼかしフィルターで遠近感を出す
05　継ぎ目のないパターンを作る

06　ベジェ曲線でハートを描く
07　対称定規でレース模様を描く
08　写真のトーン化によるデザイン処理
09　文字や写真を加工したロゴデザイン

作例データを
ダウンロード
できます。

CHAPTER:04 01 色調補正で色みを調整する

色調補正は［編集］メニューから行えるが、それだとレイヤー単位の色調補正になる。
複数のレイヤーを色調補正するときは色調補正レイヤーを使おう。

👉 色調補正レイヤー

色調補正レイヤーは下のレイヤーの色に対して補正を行うため、複数のレイヤーの色を色調補正することが可能。後から補正値を変更でき、削除（もしくは非表示に）すれば補正前に戻すことができる。色を調整するときにとても便利なレイヤーなので活用しよう。

［レイヤー］メニュー→［新規色調補正レイヤー］より、各種色調補正レイヤーを作成できる。

アイコンをダブルクリックするとダイアログが開き、設定を再編集することができる。

👉 トーンカーブでコントラストを調整

［トーンカーブ］は、画像の明暗に調整を加えたり、コントラストを調整することができる。

1 ［レイヤー］メニュー→［新規色調補正レイヤー］→［トーンカーブ］を選択する。［トーンカーブ］ダイアログが開く。

出力
［出力］とある縦軸は設定後の明るさの値。

入力
［入力］とある横軸は元の明るさの値。

2 グラフをクリックするとコントロールポイントが追加される。コントロールポイントを動かすとグラフが変化する。

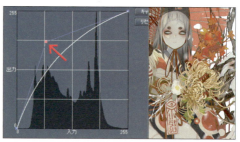

上に動かすほど画像が明るくなる。

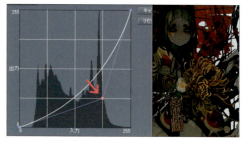

下に動かすほど画像が暗くなる。

コントラストを上げたい場合はコントロールポイントを3つ作るとよい。右上は明るい色、中心は中間の色、左下は暗い色を調整するコントロールポイントになる。

 コントロールポイントを調整し、明るい色をより明るく、暗い色をより暗くすると、コントラストが上がる。

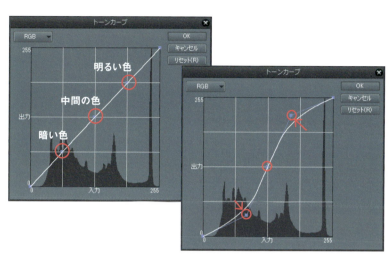

 ### 色相・彩度・明度を調整

［色相・彩度・明度］では、それぞれの値を変更して色みに変化を加えられる。

 →

色相（色の様相）、彩度（色の鮮やかさ）、明度（色の明るさ）をそれぞれ調整する。変更前の状態を［0］とし、色相は［-180］～［+180］、彩度と明度は［-100］～［+100］の間で設定できる。

 補正の強さを調整

色調補正レイヤーは、レイヤーの不透明度により、色調補正の強さを調整できる。

CHAPTER:04 02 合成モードで色と光を演出

合成モードは、イラストの仕上がりをワンランクアップさせたいときに役立つ。
合成方法の代表的な例をいくつか見てみよう。

合成モードで色に変化を加える

合成モードは、設定したレイヤーと下のレイヤーの色を、さまざまな方法で合成できる。

合成モード

環境光を加える

［スクリーン］で合成すると、うっすらと環境光が入るような光の演出を加えられる。例では水色から透明色へのグラデーションのレイヤーを一番上に作成し［スクリーン］に設定した。

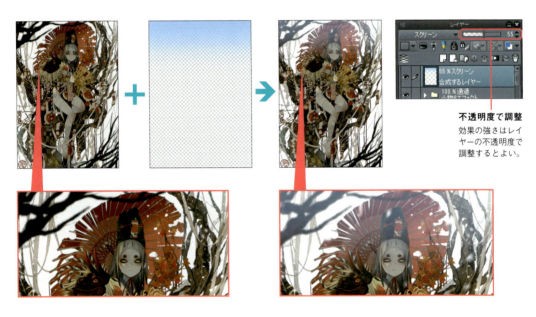

不透明度で調整
効果の強さはレイヤーの不透明度で調整するとよい。

ハイライトを輝かせる

［加算（発光）］は色を非常に明るく合成する。設定したレイヤーでハイライト周りに色を置くと効果的だ。

全体の色調を変える

[オーバーレイ]は明るい色を明るく、暗い色を暗く合成する。コントラストや彩度が少し上がる傾向があるが、全体の色調を変えるときに使える。

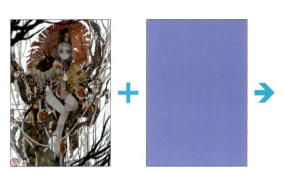

[カラー]は下のレイヤーの明暗を保ったまま、合成モードを設定したレイヤーの色相・彩度を採用して合成する。これを利用し、下の図のようにカラーイラストをセピア色に変更することも可能だ。

グレーに色を加える

[オーバーレイ]では暗い色は保持されるため、線画の黒い部分やグレーの階調を生かした合成ができる。そのためグリザイユ画法（グレーのイラストの上に色を乗せて彩色していく技法）にも用いられる。

CHAPTER:04 03 グロー効果でイラストを輝かせる

グロー効果は明るい色の部分がぼんやりと輝き、
光がにじんだように見せることができる加工だ。

👉 グロー効果の手順

グロー効果は［ガウスぼかし］と［レベル補正］を使って簡単にできる。その手順を見ていこう。

1 ［レイヤー］メニュー→［表示レイヤーのコピーを結合］を選択。作成されたレイヤーは［レイヤー］パレットの一番上に配置する。

［表示レイヤーのコピーを結合］でできたレイヤー

3 ［編集］メニュー→［色調補正］→［レベル補正］を選択。［レベル補正］でコントラストを強く調整する。

シャドウ入力　ハイライト入力

［シャドウ入力］を右に、［ハイライト入力］を左に動かすとコントラストが強くなる。

2 ［フィルター］メニュー→［ぼかし］→［ガウスぼかし］を適用して、❶で作成したレイヤーをぼかす。

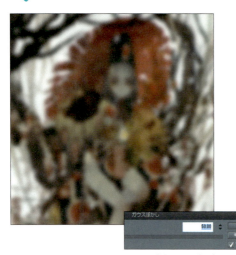

ここでは［ぼかす範囲］を［50.00］とした。

4 合成モードを［スクリーン］にすればグロー効果が完了だ。効果の強さはレイヤーの不透明度で調整するとよい。

グロー効果を加えると明るい色の部分がぼんやりと光る。

レイヤー不透明度は好みで調整する。効果を強くしたい場合は高い不透明度に、さりげなく効果を加えるなら低い不透明度にする。

CHAPTER:04
04 ぼかしフィルターで遠近感を出す

ぼかしフィルターを使って近景（手前の景色）をぼかすと、
イラストに臨場感を与えることができる。

👉 ガウスぼかしで近景をぼかす

ぼかす強さを設定できる［ガウスぼかし］で近景をぼかしてみよう。

　ぼかしたい画像はレイヤーを分けておき［レイヤー］パレットで選択。［フィルター］メニュー→［ぼかし］→［ガウスぼかし］を選ぶ。

プレビューがオンになっているとぼかした後の状態を確認できる。

👉 ピントを合わせたような加工

全体をうっすらとぼかした後で部分的に消すと、消した部分は写真のピントが合ったような表現になる。

　［レイヤー］メニュー→［表示レイヤーのコピーを結合］で作成したレイヤーを［ガウスぼかし］でぼかす。

［表示レイヤーのコピーを結合］で作成したレイヤーは一番上に配置。

2　カラーアイコンで透明色を選択し［エアブラシ］ツールの［柔らか］で部分的に消すと、そこにピントを合わせたようになる。

消す

［柔らか］はブラシサイズが大きいほうがエッジのぼけが大きく自然に消すことができる。

117

CHAPTER:04 05 継ぎ目のないパターンを作る

CLIP STUDIO PAINTのペイント機能を生かして、
継ぎ目のない水彩塗り風の水玉模様のパターン素材を作ってみよう。

1 ［筆］→［水彩］→［にじみ縁水彩］や［色混ぜ］ツール→［繊維にじみ］で色をにじませながら水彩塗りした画像を用意する。

2 ［選択］ツール→［長方形選択］などで一部分をコピーし、新規キャンバスを作成して貼り付ける。これをパターンのベースにする。

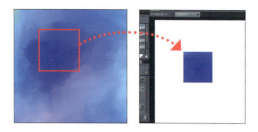

3 ［表示］メニュー→［グリッド］でグリッドを表示。グリッドに沿って不要な部分をカットし、正方形にする。

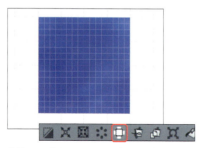

作例では、グリッドにスナップさせながら［長方形選択］で選択。選択範囲ランチャーから［選択範囲外を消去］で選択範囲外をカットした。

4 図の赤い点線の部分を［長方形選択］で選択して［レイヤー移動］ツールで切り取って移動する。Shiftキーを押しながらだと水平移動できる。

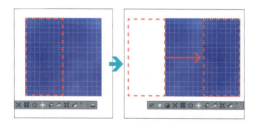

5 色の境界を［色混ぜ］ツール→［繊維にじみ］や［水彩なじませ］でなめらかにする。

6 同じように上側の1部分を下に移動し、色の境界をなじませる。これでパターンにしたときに継ぎ目のない素材になる。

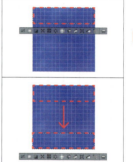

［繊維にじみ］や［水彩なじませ］でなじませる。

7 パターンにしたときに色ムラが出にくくするため［編集］メニュー→［明るさ・コントラスト］でコントラストを下げる。パターンのベースができた。

POINT
▶ パターンの元になる素材のサイズが小さいと、完成した素材の画像が粗くなるので注意しよう。この作例では元になる素材を縦400px横400pxで作成している（グリッドの太い線の間隔が初期設定では100pxなのでそれを目安に作成している）。

⑧ ベースは非表示にして、別のレイヤーに水玉模様を描く。水玉は、グリッドに対して図のように配置する。

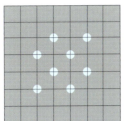

※水玉がよく見えるように用紙レイヤーをグレーにしている。

⑨ ［色混ぜ］ツール→［繊維にじみ］で水玉を水彩塗り風にする。

⑩ 継ぎ目のないパターンにするため、赤の点線部分を水平移動させる。最終的には青の線のエリアがパターンになるように作業する。

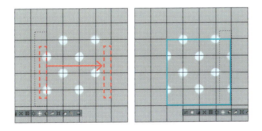

⑪ 上側の赤い点線部分を下に移動。これで、継ぎ目のない水玉模様になる。

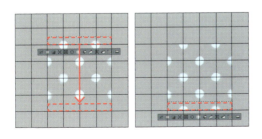

⑫ ベースを表示し水玉模様のレイヤーと結合する。もし両方のレイヤーを残しておきたい場合は［レイヤー］メニュー→［表示レイヤーのコピーを結合］するとよい。

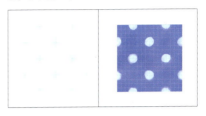

⑬ 結合したレイヤーを［長方形選択］で選択し、［編集］メニュー→［素材登録］→［画像］で素材として登録する。［用紙テクスチャとして使用］と［タイリング］にチェックを入れ、素材名、保存先を決めて［OK］をクリック。

⑭ 水彩の水玉パターンができた。登録した素材は［素材］パレットから貼り付けることができる。

データダウンロード

💡 **チェックパターンの作り方**

シンプルなチェックパターンは、図のような画像を用紙テクスチャとして素材登録すれば簡単に作成できる。

画像を用紙テクスチャとして素材登録

05 継ぎ目のないパターンを作る

CHAPTER:04 06 ベジェ曲線でハートを描く

きれいな曲線を描画する「ベジェ曲線」が使えると、
フリーハンドでは難しい曲線も描くことができる。

連続曲線で描く曲線

［図形］ツールの［連続曲線］は、なめらかな曲線を作成できる。曲線の作成方法はさまざまだが、ここでは、ほかのグラフィックソフトでも使用されることの多い3次ベジェ曲線を使い、図形を形作る。

1 ［レイヤー］パレットより［新規ベクターレイヤー］をクリックしてベクターレイヤーを作成する。図形はベクターレイヤーに描画すると、後から形を編集しやすい。

新規ベクターレイヤー

2 ［環境設定］で［図形系ツールで作成途中の線は簡易表示］にチェックを入れると、作成時、曲線をコントロールしやすくなる。

［ファイル］（macOS／iPad版では［CLIP STUDIO PAINT］）メニュー→［環境設定］で［環境設定］ダイアログを開く。［ツール］カテゴリーの［オプション］より［図形系ツールで作成途中の線は簡易表示］にチェックを入れる。

3 ベクターレイヤー上で描画していく。［表示］メニュー→［グリッド］でグリッドを表示すると作業しやすい。

4 ［図形］ツール→［連続曲線］を選び、［ツールプロパティ］パレットで［曲線］を［3次ベジェ］に設定する。

3次ベジェ

5 開始点をクリック後、次の点になるところをクリック。そのままマウスボタンを離さずにマウスを動かすと制御点が伸びる。ここで曲線の具合を調整する。

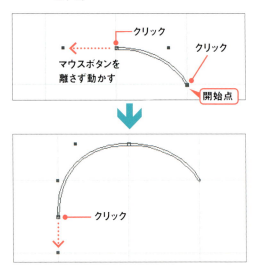

曲線の描画を1段階戻す

［連続曲線］で描画中に、1段階前に戻したいときはDeleteキーを押す。また、Escキーを押すと作成をキャンセルできる。

Delete キー　1段階前に戻す
Esc キー　図形作成をキャンセル

6 左半分ができたら、同じように右半分もグリッドを頼りに曲線を作成していく。

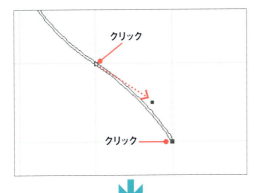

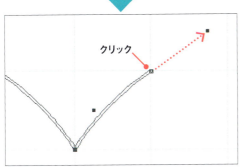

7 線を閉じるか、ダブルクリックすると曲線が確定される。

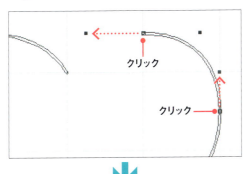

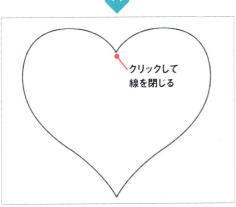

8 ［操作］ツールの［オブジェクト］で選択し制御点を動かして曲線を調整できる。また［ツールプロパティ］パレットでは、線の太さや色を設定可能だ。

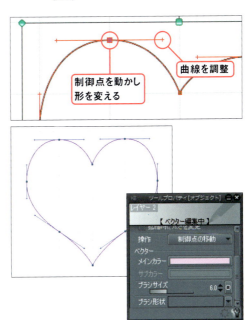

9 ベクターレイヤーでは塗りつぶしができない。塗りつぶしたい場合は、ラスターレイヤーを新規作成して［塗りつぶし］ツールで塗りつぶす。

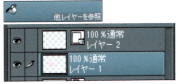

上の例ではラスターレイヤーを用意し、線画の下に配置、［塗りつぶし］ツール→［他レイヤーを参照］で塗りつぶした。

06 ベジェ曲線でハートを描く

CHAPTER:04 07 対称定規でレース模様を描く

[定規]ツール→[対称定規]を使うと、簡単にレース模様が作れる。
ぜひ試してみよう。

👉 対称定規で描くレース模様

ここでは[対称定規]と[境界効果]を使ってレース模様を作成していく手順を解説する。

1 [定規]ツールの[対称定規]を選択する。

2 [ツールプロパティ]パレットで、[線の本数]を決める。ここでは[12]とする。

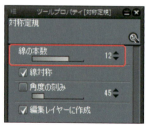

3 キャンバス上をドラッグすると定規が作成される。定規の線は❷で設定した数になる。

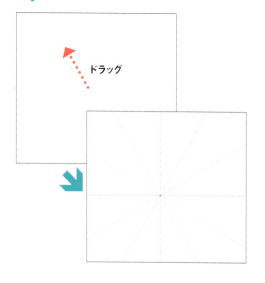

4 [ペン]ツールから好みのサブツールを選び、カラー系のパレットで描画色を白にする。ブラシサイズは[8.0](px)。

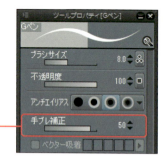

なめらかな線を引くため、[手ブレ補正]は高めに設定している。

[カラーサークル]パレット下部の[H][S][V]はそれぞれ色相(H)、彩度(S)、明度(V)を表す。描画色を白にするには[H]と[S]が[0]で[V]が[100]になるよう設定するとよい。

［レイヤープロパティ］パレットで［境界効果］をオンにする。［フチの太さ］を［1.0］に、［フチの色］を黒にする。

［フチの色］は、右の▶をクリックすると［色の設定］ダイアログで編集できる。

 描画すると12分割された画面に同じ模様が描かれていく。

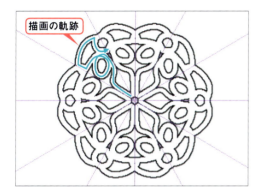

 適当にペンを動かしていくだけでも対称定規の効果で模様らしくなるが、花や葉っぱなどの自然物をイメージして描くと、きれいな模様になりやすい。

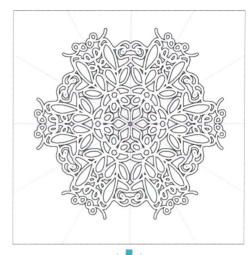

完成

描画を続けて模様を増やしていく。短時間でできるので、模様が気に入らなければ⑥からやり直そう。

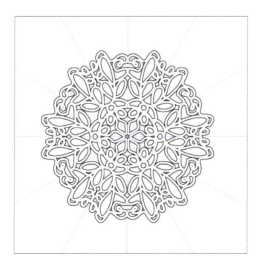

07 対称定規でレース模様を描く

123

CHAPTER:04
08 写真のトーン化によるデザイン処理

トーン化する機能を使って写真を加工してみよう。
工夫次第で面白い効果を出すことができる。

👉 カラーハーフトーン

写真をトーン化して加工し、カラーハーフトーンの画像にしていく。

1 ［ファイル］メニュー→［開く］から加工したい写真の画像ファイルを開く。

2 ［レイヤー］メニュー→［レイヤーを複製］を選択。複製したレイヤーは非表示にしておく。

複製した
レイヤー

目のアイコンをクリックして
非表示にする。

3 ［レイヤー］パレットで、**1** で開いた写真のレイヤーを選択し直し、［レイヤープロパティ］パレットで［トーン］をオンにする。

トーン

［トーン］をオンにすると、白と黒の網点で構成された画像に変換され、自動的にモノクロになる。

4 ［トーン線数］で網点の大きさを調整する。値が小さいと網点が大きくなる。

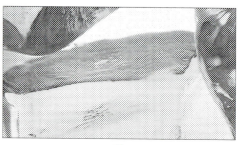

⬇

124

[編集] メニュー→ [輝度を透明度に変換] を選ぶ。すると網点以外は透明になる。

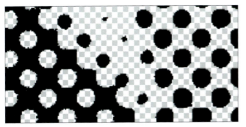
白い部分が透明になり、黒い網点だけが残る。透明部分は市松模様で表示される。

💡 用紙レイヤーを作成する

JPEG画像などを開くと、用紙レイヤーがないため透明部分が市松模様になり画像が少し見にくい場合がある。そんなときは[レイヤー] メニュー→ [新規レイヤー] → [用紙] で用紙レイヤーを作成するとよい。

非表示中の複製したレイヤーを表示し、[下のレイヤーでクリッピング] をオンにする。すると写真がカラーハーフトーン処理されたような見た目になる。

下のレイヤーでクリッピング

👉 トーン化によるグラフィック的な処理

→ トーンの色を変える

トーン化した写真の上に、好きな色で塗りつぶしたレイヤーを作成し [下のレイヤーでクリッピング] すると、トーンに色をつけられる。

→ 下に色をしく

トーン化した写真を [輝度を透明度に変換] しておき、下にレイヤーを作成して着色するとポップな印象になる。

下のレイヤーを塗りつぶす。

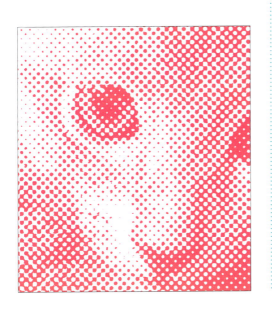

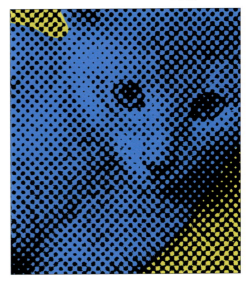

CHAPTER:04 09 文字や写真を加工したロゴデザイン

ここでは加工した写真と文字で作るロゴの作例を紹介する。
文字にはかすれたような加工を施して仕上げている。

👉 さまざまな加工で仕上げる

右の作例ではフィルターや合成モードなどさまざまな機能を使って加工したり、かすれたような効果を加えたりしていく。その制作過程をみていこう。

作例はカードサイズくらいの作品を想定して、幅100mm、高さ70mm、解像度350dpiのキャンバスで作成した。これより大きなサイズで作品を作る場合は、各種加工に関わる数値も変わる。

➡ その1：写真を加工して背景に

1 キャンバスに写真を配置する。[ファイル]メニュー→[読み込み]→[画像]を選択し写真のファイルを読み込む。写真はキャンバスより小さいと拡大しなくてはならないため劣化する可能性がある。なるべくキャンバスより大きなものを使おう。

3 写真のレイヤーを[レイヤー]メニュー→[レイヤーを複製]で複製し、[編集]メニュー→[変形]→[上下反転]を選択。写真が上下反転したレイヤーができる。このレイヤーを「写真A」とする。

2 読み込んだ写真は画像素材レイヤーになっている。このままだと加工が難しいので[レイヤー]メニュー→[ラスタライズ]でラスターレイヤーに変換する。

4 「写真A」レイヤーを複製し、[編集]メニュー→[変形]→[左右反転]で左右反転。このレイヤーは「写真B」とする。

「写真A」レイヤーを選択し［フィルター］メニュー→［ぼかし］→［ガウスぼかし］でぼかす。［ぼかす範囲］は、［30］とした。

ぼけ具合を確認するために「写真B」を一時的に非表示にしている。ぼかした後は再び表示する。

「写真A」「写真B」のレイヤーの合成モードを両方とも［ハードライト］に変更する。

7 ［レイヤー］メニュー→［新規色調補正レイヤー］→［トーンカーブ］でトーンカーブの色調補正レイヤーを作成。グラフを調整し、コントラストを調整する。

  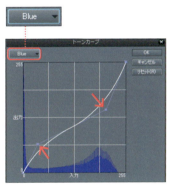

[Red]のチャンネルを選択。コントロールポイントを上に上げると鮮やかで明るい赤が目立つようになる。

[Green]のチャンネルはコントロールポイントをやや下げて緑系の色を少し暗く抑える。

[Blue]のチャンネルは青系の色に影響する。明るい色は少し下げ、暗い色はやや上げる。

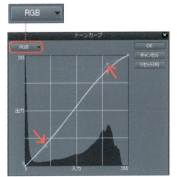

[RGB]のチャンネルは全体の色を調整する。少しだけコントラストを上げている。

8 ［レイヤー移動］ツールで「写真B」レイヤーの位置を調整。下のレイヤーと［ハードライト］で合成されているので色の見え方などが変化する。これで写真を加工した背景ができた。

背景ができたらレイヤーフォルダーにまとめて整理しておくとよい。

→ その2：文字を加工する

1 [テキスト]ツールで文字を入力。1文字ずつレイヤーを分け、レイヤーフォルダーにまとめておく。それぞれの文字の位置は[レイヤー移動]ツールで調整する。

2 ここから文字のアウトラインを作って加工する。まずは文字の形で選択範囲を作成。文字のレイヤーフォルダーを選択し[レイヤー]メニュー→[レイヤーから選択範囲]→[選択範囲を作成]を選ぶ。

3 ❶で作成した文字のレイヤーフォルダーは非表示にする。

4 選択範囲を縮小する。[選択範囲]メニュー→[選択範囲を縮小]で、[縮小幅]を[0.3]mm※にして[OK]をクリック。新規ラスターレイヤーを作成し、描画色を白にして、[編集]メニュー→[塗りつぶし]で選択範囲を塗りつぶす。このレイヤーの名称を「文字加工」レイヤーとする。

後の工程でフチをつけるため、元の字より縮めて塗りつぶしている。

※設定値の単位を[mm]で作業している。単位は[ファイル]（macOS／iPad版では[CLIP STUDIO PAINT]）メニュー→[環境設定]→[定規・単位]で設定することができる。

5 「文字加工」レイヤーにフチをつける。このフチがアウトラインになる。[レイヤープロパティ]パレットで[境界効果]をオン。[フチ]を選び[フチの太さ]は[0.10]mm、[フチの色]は黒に設定する。

6 「文字加工」レイヤーをラスタライズする。画像に変化はないが、[レイヤー]プロパティのフチの設定は消える（完全に画像の一部になる）。

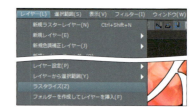

7 アウトラインを加工するため、「文字加工」レイヤーをベクターレイヤーに変換する。[レイヤー]メニュー→[レイヤーの変換]を選択し[種類]を[ベクターレイヤー]にして[OK]をクリック。

黒と白の描画を[レイヤーの変換]でベクターレイヤーにすると、白の描画部分は消え、黒だけ残る。

8 アウトラインの線の形状を変え、かすれた感じを出す。［レイヤー］パレットで「文字加工」レイヤーを選び［操作］ツール→［オブジェクト］を選択。［ツールプロパティ］パレットで［ブラシ形状］を［スプレー］に、色は［レイヤープロパティ］パレットで白に変更する。

レイヤーカラー

［レイヤープロパティ］パレットで［レイヤーカラー］を白(R=255、G=255、B=255)にする。色の指定は▶をクリックして開く［色の設定］ダイアログで行える。

9 ［オブジェクト］ツールで制御点を動かし、文字の縦画や横画など一部を引き伸ばす。

制御点

10 ［レイヤー］パレットで［参照レイヤーに設定］をオンにし、「文字加工」レイヤーを参照レイヤーにする。

参照レイヤーに設定

11 新規ラスターレイヤー「中を塗りつぶし」を作成し、参照レイヤーを参照先に設定した［塗りつぶし］ツールで文字の中を塗りつぶす。

後でかすれた加工を入れるので多少塗り残しがあってもよい。

塗りつぶしの参照先を参照レイヤーに。

塗りつぶしツールの設定
［ツールプロパティ］パレットの［複数参照］にチェックを入れ、［参照レイヤー］を選んだ設定にする。

→ その3：かすれた加工で仕上げる

1 加工用にサブツールを作る。［サブツール］パレット（ここでは［エアブラシ］にした）のメニュー表示より［カスタムサブツールの作成］を選択。このツールは［細かいノイズ］と名付けた。

メニュー表示

2 ［サブツール詳細］パレット→［ブラシ先端］カテゴリー→［先端形状］で先端形状に［ノイズブラシ］を適用する。

⬇

［素材］を選び、「ここをクリックして先端形状を追加してください」とあるところをクリック。［ブラシ先端形状の選択］ダイアログで先端形状に［ノイズブラシ］を適用する。

3 スプレー状に描画したいので［サブツール詳細］パレット→［散布効果］カテゴリーの設定で［散布効果］をオンにし、［粒子密度］と［散布偏向］を調整した。

［散布効果］はスプレー状の描画をしたいときにオンにする。［粒子密度］の値を上げると一度に散布されるブラシ先端素材の数が増える。［散布偏向］の値を上げると散布されるブラシ先端素材が中心に寄る。

4 レイヤーフォルダーを作成し、「文字加工」レイヤーと中を塗りつぶしたレイヤーを格納。［レイヤー］パレットから［レイヤーマスクを作成］をクリックし、レイヤーマスクを作成する。

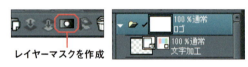
レイヤーマスクを作成

5 透明色を選び、作成した［細かいノイズ］のほか［エアブラシ］ツールの［飛沫］や［スプレー］で削るようにレイヤーマスクを編集する。

透明色

レイヤーマスクサムネイルを選択して編集。

スプレー　　　飛沫　　　細かいノイズ

6 背景の上に新規ラスターレイヤーを作成。描画色を白にして❺で使ったツールでしぶきのような描画を加える。合成モードを［覆い焼き（発光）］にして完成。

［覆い焼き（発光）］にすると、背景レイヤーの色と合成され輝いたようなしぶきになる。

完成

データダウンロード

CHAPTER 5

マンガを描く

CLIP STUDIO PAINTは、マンガ特有のコマやフキダシ、トーンなどを作成する機能を備えている。その使い方を見ていこう。

01　コマ割り機能でコマを割る
02　フキダシを作る
03　流線と集中線を描く
04　トーンを貼る

作例データをダウンロードできます。

CHAPTER:05
01 コマ割り機能でコマを割る

コマはマンガ制作に欠かせない要素。
ここではコマ枠フォルダーと[コマ枠カット]ツールで、コマを割っていく過程を見ていこう。

👉 コマ割りの手順

コマを割るときはコマ枠フォルダーを作成し、分割していく。その手順を解説する。

1 キャンバスに下描き（もしくはネーム※）を描いて、コマ割りを決める。

2 マンガの場合、単位をmmで設定を決めていくと枠線の太さなどの目安をつけやすい。[ファイル]（macOS／iPad版は[CLIP STUDIO PAINT]）メニュー→[環境設定]→[定規・単位]より[長さの単位]を[mm]にする。

3 [レイヤー]メニュー→[新規レイヤー]→[コマ枠フォルダー]を選択。[線の太さ]を決めて[OK]でコマ枠フォルダーが作成される。

[線の太さ]は[0.8]mmにした。

💡 キャンバスの設定

マンガの場合[作品の用途]を[コミック]にした設定で新規キャンバスを作成する。このページの作例は、[仕上がりサイズ]の幅を182mm、高さを257mm（B5判）、解像度600dpi、基本表現色をモノクロに設定している。

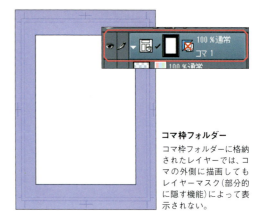

コマ枠フォルダー
コマ枠フォルダーに格納されたレイヤーでは、コマの外側に描画してもレイヤーマスク（部分的に隠す機能）によって表示されない。

※ネーム……セリフやコマ割り、構図などを決める下描き以前のラフ。

[コマ枠] ツール→ [コマ枠カット] グループ→ [枠線分割] を選びコマを分割していく。まずは [ツールプロパティ] パレットでコマとコマの間隔（[左右の間隔] と [上下の間隔]）を決めよう。

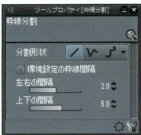

ここでは [左右の間隔] は2mm、[上下の間隔] は5mmにしている。

 コマを分割する方法

[コマ枠] ツール→ [コマ枠カット] グループ→ [コマフォルダー分割] でもコマの分割はできる。[コマ枠フォルダー分割] の場合、分割されたコマごとにコマ枠フォルダーが作成される。コマごとにコマ枠フォルダーで管理したい場合は [コマフォルダー分割] を使うとよい。

分割されたコマごとにコマ枠フォルダーが作成される。

ドラッグもしくはクリックでコマを分割する（クリックでは水平にコマが分割される）。ここでは図のような順番で分割した。

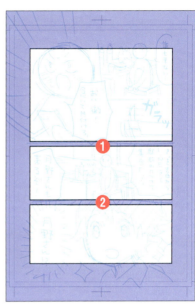

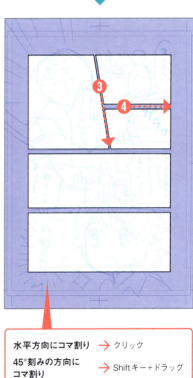

水平方向にコマ割り	→ クリック
45°刻みの方向にコマ割り	→ Shiftキー＋ドラッグ
好きな角度でコマ割り	→ ドラッグ

Shiftキー＋ドラッグでは45°刻みに割れるため、垂直・水平方向に割ることもできる。

01 コマ割り機能でコマを割る

コマの編集

[操作]ツール→[オブジェクト]でコマを選択すると枠線やコマの形を編集できる。

→ 1つのコマを選択する

個別にコマを選択したい場合は、[オブジェクト]でコマの枠線をクリックする。複数選択するときは、Shiftキーを押しながら複数のコマの枠線をクリックする。

枠線をクリック

コマ枠フォルダーの複数選択

コマごとにコマ枠フォルダーを作成している場合は、[レイヤー]パレットでコマの複数選択ができる。

チェックマークを入れて複数選択する。

→ 枠線の編集

[オブジェクト]でコマを選択中は[ツールプロパティ]パレットで枠線を編集できる。

枠線を消す
[ツールプロパティ]パレットで[枠線を描画する]をオフにすると枠線が消える。

太さを変更
枠線の太さは[ブラシサイズ]で設定できる。

→ コマの変形

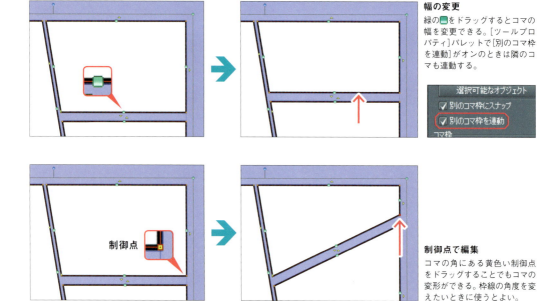

幅の変更
緑の■をドラッグするとコマの幅を変更できる。[ツールプロパティ]パレットで[別のコマ枠を連動]がオンのときは隣のコマも連動する。

制御点で編集
コマの角にある黄色い制御点をドラッグすることでもコマの変形ができる。枠線の角度を変えたいときに使うとよい。

→ タチキリのコマを作成

タチキリとは、仕上がり線からはみ出して描くこと。三角形をクリックすると端までコマが広がる機能を使うとよいだろう。

POINT
▶ 仕上がり線と裁ち落としはマンガ原稿を作る際に使う用語。詳しくは→P.17

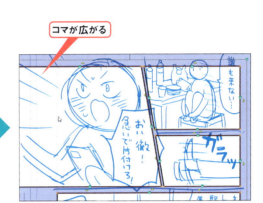

タチキリではみ出して描いた部分。タチキリは最低でも裁ち落としまで描く。

——裁ち落とし
——仕上がり線

三角形をクリック
三角形をクリックで、キャンバスの端までコマが広がる。隣接したコマがある場合は隣のコマとの間隔が詰まる。

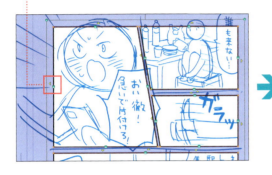

コマが広がる

→ コマを重ねる

［コマ枠］ツールでコマを追加して重ねられる。

1 ［コマ枠］ツール→［コマ作成］グループ→［長方形コマ］を選択する。

2 コマを追加したいところでドラッグすると、コマを重ねて作成できる。

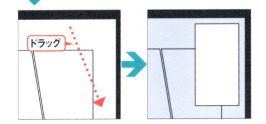

ドラッグ

→ 2つのコマを結合する

2つのコマを1つに結合する操作を覚えておこう。

1 ［操作］ツール→［オブジェクト］でShiftキーを押しながら枠線をクリックし、2つのコマを複数選択する。

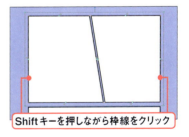

Shiftキーを押しながら枠線をクリック

2 ［レイヤー］メニュー→［定規・コマ枠］→［コマ枠を結合］を選択。2つのコマが結合される。

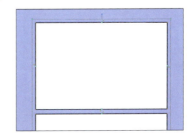

CHAPTER:05 02 フキダシを作る

マンガのセリフはフキダシによって表現される。
ここではフキダシの作成方法を解説する。

👉 フキダシ素材を使う

［素材］パレットにあるフキダシ素材を使ってフキダシを作成する過程を見ていこう。

  ［素材］パレット→［漫画素材］→［フキダシ］にあるフキダシ素材を選択し貼り付ける。セリフの雰囲気に合うものを選ぼう。

ドラッグ＆ドロップでキャンバスに貼り付ける。

  絵に合うように制御点を動かして形を変えることもできる。

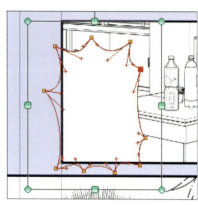

  フキダシ素材は［操作］ツール→［オブジェクト］で編集できる。大きさや線の太さを調整しよう。

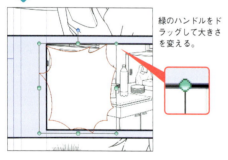

緑のハンドルをドラッグして大きさを変える。

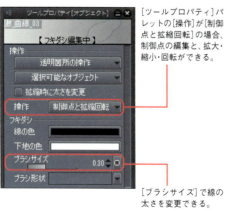

［ツールプロパティ］パレットの［操作］が［制御点と拡縮回転］の場合、制御点の編集と、拡大・縮小・回転ができる。

［ブラシサイズ］で線の太さを変更できる。

💡 レイヤーマスクで一部を隠す

フキダシがほかのコマまではみ出しているときはレイヤーマスクで隠そう。

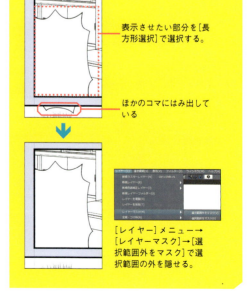

表示させたい部分を［長方形選択］で選択する。

ほかのコマにはみ出している

［レイヤー］メニュー→［レイヤーマスク］→［選択範囲外をマスク］で選択範囲の外を隠せる。

4 フキダシの配置が確定したら［テキスト］ツールを選び［ツールプロパティ］パレットで字の大きさなどを決め文字を打つ準備をする。

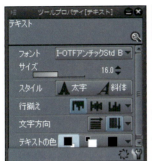

フォント、サイズ、文字方向（縦書きと横書きから選ぶ）の設定をしてから文字を打ち込むとよい。

5 セリフを入れたいところをクリックして文字を入力する。フキダシレイヤーの上だとフキダシの中心に文字が配置される。

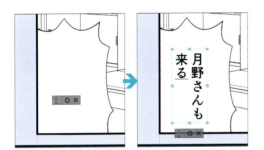

6 文字は［オブジェクト］で選択して拡大・縮小ができる。［オブジェクト］で選択中は［ツールプロパティ］パレットで設定の変更が可能。

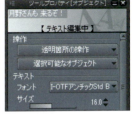

7 1文字単位で修正したい場合は［テキスト］ツールで文字列を選択して編集する。これでセリフ入りのフキダシができた。

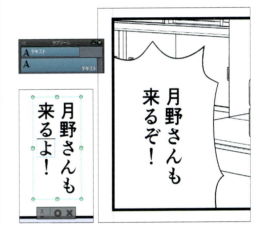

 マンガ用フォントを使う

CLIP STUDIO PAINT PROやEXのパッケージ版、ダウンロード版、バリュー版にはマンガ用フォント（イワタアンチック体B）が特典としてついてくる。創作応援サイトCLIP STUDIO（www.clip-studio.com/clip_site/）にアクセスして［ダウンロード］→［CLIP STUDIO PAINT］のバナー下にある［フォント］から開いたページでダウンロードできる。

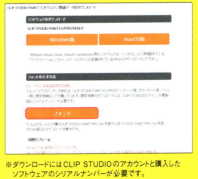

※ダウンロードにはCLIP STUDIOのアカウントと購入したソフトウェアのシリアルナンバーが必要です。

フキダシツール

[フキダシ]ツールはフキダシを作成するツール。[フキダシしっぽ]とセットで使おう。

→ サブツール

❶ 楕円フキダシ
楕円や正円のフキダシを作成できる。

❷ 曲線フキダシ
きれいな曲線のフキダシを作成できる。

❸ フキダシペン
フリーハンドでフキダシを作成できる。

❹ フキダシしっぽ
ドラッグするとフキダシのしっぽを追加できる。

❺ フキダシ丸しっぽ
心の中のセリフを表現するときに使うしっぽ。

[楕円フキダシ]でドラッグすると楕円のフキダシができる。

しっぽをつけるときは[フキダシしっぽ]でドラッグ。

→ フキダシツールの使用例

[フキダシ]ツールを使い分けてさまざまな形のフキダシを作れる。

1 [フキダシ]ツール→[曲線フキダシ]を選択する。[ツールプロパティ]パレットで必要な設定をしておく。

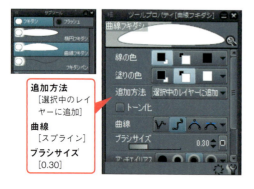

追加方法
[選択中のレイヤーに追加]
曲線
[スプライン]
ブラシサイズ
[0.30]

2 クリックして線をつなげていくと曲線になっていく。線を閉じれば形が確定される。

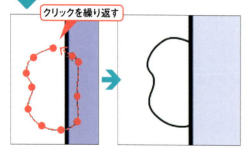

クリックを繰り返す

3 さらに作成したフキダシレイヤー上で[楕円フキダシ]を使い、形を追加していく。しっぽも[楕円フキダシ]で追加した。

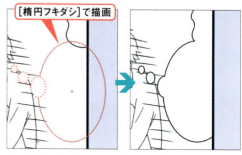

[楕円フキダシ]で描画

すでにあるフキダシレイヤーに[フキダシ]ツールでフキダシを追加すると、複数のフキダシを結合させることができる。

4 [オブジェクト]で選択し、位置を変えたりできる。[テキスト]ツールでセリフを入れて完成。

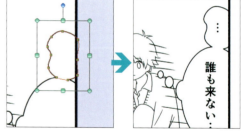

コマから飛び出したフキダシ

フキダシをコマからはみ出して描く場合は、それらをコマ枠フォルダーより上に配置する。

→ フキダシ素材の場合

1 コマ枠フォルダー内はコマの外側がマスクで隠されている。コマから飛び出したような表現をするならコマ枠フォルダーから出す必要がある。

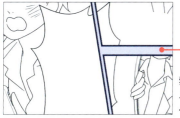

紫の部分がマスクされている箇所。

2 ［レイヤー］パレットでコマ枠フォルダーの上にフキダシレイヤーを配置する。フキダシ素材など中が白で塗りつぶされているフキダシならこれで完了となる。

→ ペンで描いたフキダシの場合

1 素材や［フキダシ］ツールを使わずに描いたフキダシは、ただの線画なので、コマから飛び出させるとコマの枠線が邪魔になる。

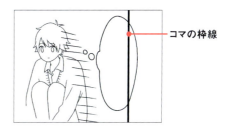

コマの枠線

2 余計な線画が見えてしまうときは、線画とコマ枠フォルダーの間にレイヤーを作成し、白で塗ってしまえばよい。

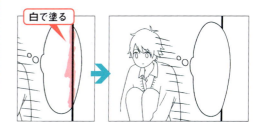

白で塗る

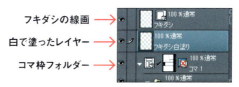

フキダシの線画 →
白で塗ったレイヤー →
コマ枠フォルダー →

 ラスタライズによりコマの枠線を部分的に消す

コマからフキダシや絵を飛び出させる方法としてコマ枠フォルダーを［レイヤー］メニュー→［ラスタライズ］し、ラスターレイヤーになった枠線を編集する方法もある。

コマ枠フォルダーをラスタライズすると、枠線が描画されたラスターレイヤーと、コマの範囲外をマスクしたレイヤーフォルダーに変換される。

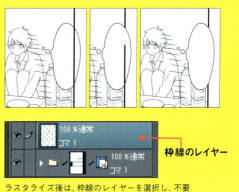

枠線のレイヤー

ラスタライズ後は、枠線のレイヤーを選択し、不要な部分を［消しゴム］ツールで消せるようになる。

CHAPTER:05 03 流線と集中線を描く

マンガの演出として、「流線」や「集中線」などの効果線を描くことがある。
ツールをうまく使えば手早く効果線を仕上げられる。

👉 流線ツール

流線はスピード感や動きの方向を演出できる。

[図形]ツール→[流線]グループよりサブツールを選び、基準線を描画すると流線が作成される。

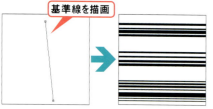

→ 入り抜き設定を加える

[ツールプロパティ]パレットで設定して基準線を終点とした入り抜きのある流線も作成できる。

1 [図形]ツール→[流線]グループ→[まばら流線]を選択。[ツールプロパティ]パレットで[基準位置]を[終点]に、[入り抜き]を[ブラシサイズ]に設定する。

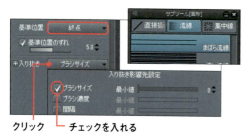

2 基準線を描画し流線を作成する。基準線の描画方法はサブツールによって異なる。[まばら流線]の場合は[スプライン](クリックした点をつなげて曲線を作成する方法)で描画する。

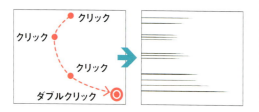

👉 集中線ツール

集中線は絵を強調するときなどに使用される効果線。集中線ツールの一例を見てみよう。

1 [図形]ツール→[集中線]グループ→[まばら集中線]を選択して集中線を描く。ドラッグした楕円を基準に集中線が作成される。

2 集中線を[オブジェクト]で選択すると[ツールプロパティ]パレットで線のまとまり方などを編集できる。

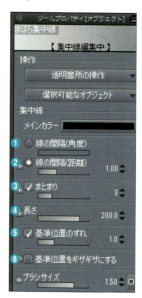

❶ 線の間隔(角度)
隣り合う線の間隔を角度で指定。

❷ 線の間隔(距離)
隣り合う線の間隔を距離で指定。

❸ まとまり
線のまとまりを何本にするか設定する。

❹ 長さ
線の長さを設定する。

❺ 基準位置のずれ
値を上げるほど線の位置がランダムになる

❻ 基準位置をギザギザにする
オンのとき線の描画位置がノコギリ状になる。

定規を使って効果線を描く

手描きで効果線を入れたい場合は、[定規]ツールの[特殊定規]を使用して流線や集中線を描くとよい。

→ 平行線定規で流線を描く

 新規レイヤーを作成し、[定規]ツール→[特殊定規]に持ち替える。[ツールプロパティ]パレットで[特殊定規]の種類を[平行線]にする。

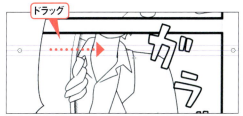 流線を入れたい方向にドラッグすると平行線定規が作成される。

キャンバスに対して水平の定規を作成する場合はShiftキーを押しながらドラッグしよう。

 [特殊定規にスナップ]をオンにし、[ペン]ツールで描画する。入り抜きがはっきり出る[効果線用]がおすすめ。

スピード線の入り(描き始め)は強弱をつける必要はないため、[効果線用]の設定は、[サブツール詳細]パレット→[入り抜き]で[入り]をオフにしている。

→ 放射線定規で集中線を描く

 新規レイヤーを作成し、[定規]ツール→[特殊定規]に持ち替える。[ツールプロパティ]パレットで[特殊定規]の種類を[放射線]にする。

 集中線の中心になる箇所をクリックする。これで放射線定規が作成される。

 [特殊定規にスナップ]をオンにし、[ペン]ツール→[効果線用]で集中線を描画する。数本のまとまりごとに線を入れていくとよい。

CHAPTER:05 04 トーンを貼る

モノクロのマンガは、黒と白のみしか使えず中間の階調（グレー）はトーンで表現する。
トーンの貼り方をマスターしよう。

👉 トーンの基礎知識

トーンは網点が並んでできている。網点の状態でトーンの見た目が変わる。

→ 線数と濃度

トーンには線数と濃度が設定されている。
線数は網点の列の数のことで、数が多いほど密度の高いトーンになる。
濃度は、値が高くなるほど網点が大きくなり、トーンが濃くなる。

→ 網点の種類

網点は［円］が基本。通常は［円］のトーンを使うとよい。ほかに［線］や［ノイズ］がある。

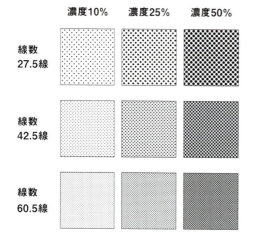

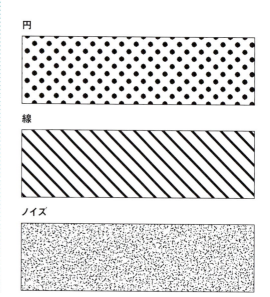

👉 トーンレイヤー

トーンを貼り付けるとトーンレイヤーが作成される。貼り付けた後でも、［レイヤープロパティ］パレットで、線数や網点の種類などの設定を変更できる。

線数など設定が表示される。

レイヤープロパティパレットで設定
線数、濃度や、網点の種類、角度などを設定できる。

👉 トーンの作成

トーンの作成方法はいくつかある。代表的なものを覚えておこう。

→ 素材パレットから貼り付け

1 ［素材］パレット→［単色パターン］→［基本］にはさまざまなトーンが用意されている。

❶ 網
網点の種類が［円］の基本的なトーン。

❷ 万線
平行線のトーン。網点の種類は「線」

❸ 砂目
ざらざらしたトーン。網点の種類は［砂目］。

2 目当てのトーンが見つからないときはタグから探すとよい。

タグ
タグをクリックすると該当する素材が表示される。

3 ドラッグ&ドロップでキャンバスに貼り付ける。選択範囲を作成している場合は、選択範囲の外はレイヤーマスクによって隠された状態で貼り付けられる。

→ 選択範囲ランチャーから新規トーン

1 ［選択範囲］ツールや［自動選択］ツールで選択範囲を作成する。

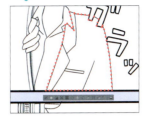 

2 選択範囲ランチャーの［新規トーン］をクリック。［簡易トーン設定］ダイアログが開く。

選択範囲ランチャー　　新規トーン

3 ［簡易トーン］ダイアログで線数や濃度などを設定して［OK］を押すと、トーンが貼り付けられる。

04 トーンを貼る

塗りつぶしツールでトーンを貼る

トーンレイヤーにはレイヤーマスク（部分的に表示を隠す機能）が設定されているため、［塗りつぶし］ツールや、［ペン］ツール、［消しゴム］ツールなどの描画系ツールでトーンの範囲を編集することができる。

1 ［素材］パレット→［単色パターン］→［基本］からトーンを選んでキャンバスに貼り付ける。

2 トーンレイヤーのレイヤーマスクのサムネイルを選択し、［編集］メニュー→［消去］を選択。これでトーンが非表示になる（消えたのではなく、レイヤーマスクで隠している）。

このサムネイルを選択しているときは、周りに枠が表示され、レイヤーマスクを編集できる。

選択中
（レイヤーマスクを編集）

未選択

POINT
▶ トーンレイヤーは、初期状態でレイヤーマスクのサムネイルが選択されている。

3 ［塗りつぶし］ツール→［他レイヤーを参照］にツールを持ち替え、塗りつぶすとトーンが描画される。

4 ［塗りつぶし］ツールが使いづらいような細かい箇所は［ペン］ツールなどで描画する。また［消しゴム］ツールや透明色でトーンを消すことができる。

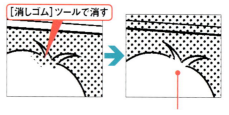

［消しゴム］ツールで消して細部を修正。

レイヤーマスクのサムネイルの黒い部分はトーンが非表示になっている箇所、白い部分はトーンの範囲を表わしている。

👉 トーン化

グレーで塗ったところをトーンにできる。濃淡のあるブラシの描画をトーンにして、モノクロのデータにすることも可能。

1 ［レイヤープロパティ］パレットで表現色を［グレー］にし、グレーで描画する。

3 グレーで描画した箇所がトーンになる。濃度はレイヤー不透明度で下げられるが、通常のトーンのように濃くするのは難しいので注意しよう。

2 ［レイヤープロパティ］パレットで［トーン］をオンにする。

👉 トーンを削る

トーンの一部をぼんやりと消すなら［トーン削り］を使うとよい。

1 レイヤーマスクのサムネイルを選択する。

2 カラーアイコンで透明色を選択する。

3 ［エアブラシ］ツール→［トーン削り］に持ち替え、トーンを削る。

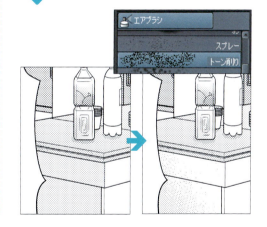

グラデーショントーン

→ マンガ用グラデーションツール

［グラデーション］ツール→［マンガ用グラデーション］は、白黒マンガでグラデーショントーンを入れるためのサブツール。

1 トーンを入れたい箇所の選択範囲を［長方形選択］で大まかに作成する。

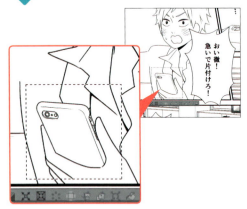

2 ［グラデーション］ツール→［マンガ用グラデーション］でドラッグ。ドラッグした方向のグラデーションが作成される。

3 選択範囲を解除後、不要な部分は［消しゴム］ツールか、透明色で消す。選択範囲を作成して［消去］（Deleteキー）してもよい。

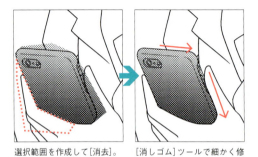

選択範囲を作成して［消去］。　　［消しゴム］ツールで細かく修正。

4 トーンを貼った後でも、［オブジェクト］で選択すると、ハンドルを操作してグラデーションの長さや方向などを変更できる。

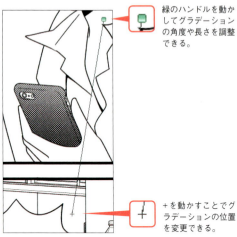

緑のハンドルを動かしてグラデーションの角度や長さを調整できる。

+を動かすことでグラデーションの位置を変更できる。

→ 素材のグラデーショントーン

［素材］パレット→［単色パターン］→［グラデーション］には、グラデーションのトーンが用意されている。

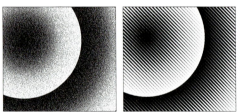

円形のグラデーショントーンも貼り付けられる。

覚えておきたい便利な機能

作画を支援してくれる3Dデッサン人形やパース定規のほか、うごくイラストの作り方や
ショートカットキーのカスタマイズなど知っておきたい機能を解説する。

01　3Dデッサン人形を操作する
02　パース定規で背景を描く
03　クイックマスクから選択範囲を作成
04　うごくイラストを作る
05　印刷用データにプロファイルを設定する
06　よく使う機能を集めたパレットを作る
07　ショートカットのカスタマイズ
08　オートアクションで操作を記録

作例データを
ダウンロード
できます。

CHAPTER:06 01 3Dデッサン人形を操作する

3Dデッサン人形は、イラストの下絵として使える3D素材だ。
各関節は自由に動かせるので、描くのが難しいポーズの参考になる。

👉 3Dデッサン人形

3Dデッサン人形には男性モデルと女性モデルがある。体型も細かく調整できるのでさまざまなキャラクターの作画に役立てられる。

[素材]パレット→[3D]→[体型]→[3Dデッサン人形(男性／女性)]をキャンバスにドラッグ＆ドロップで貼り付ける。

オブジェクトで編集
3D素材を編集するときは[レイヤー]パレットで3Dレイヤーを選択した状態で、ツールは[操作]ツール→[オブジェクト]を選ぶ。

👉 表示や位置の移動

→ 移動マニピュレータ

各ボタンの上でドラッグ操作することでカメラや3D素材を動かせる。

❶ ❷ ❸ ❹ ❺ ❻ ❼

❶カメラの回転
カメラが回転する。

❷カメラの平行移動
カメラが平行移動する。

❸カメラの前後移動
カメラが前後に移動する。

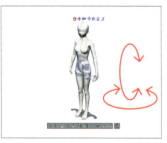 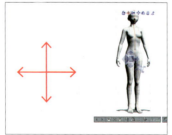 

❹3D素材の移動
3D素材を上下左右に移動する。

❺3D素材を縦方向に回転
3D素材を縦方向に回転する。

❻3D素材を横方向に回転
3D素材を横方向に回転する。

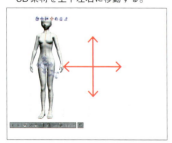 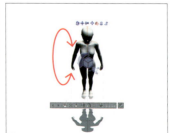 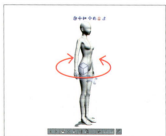

❼ **3D素材をベースにスナップ**
3D素材を、3D空間のベースに接地させながら、前後左右に移動する。

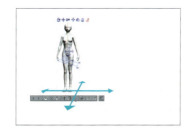

👉 オブジェクトランチャー

3Dデッサン人形の下部に表示されるオブジェクトランチャーにはボタンが並び、さまざまな機能が割り振られている。

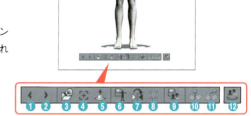

❶ **前の3Dオブジェクトを選択**
レイヤーに複数の3D素材がある場合、選択する3D素材を切り替える。

❷ **次の3Dオブジェクトを選択**
[前の3Dオブジェクトを選択] とは逆の順に、選択する3D素材を切り替える。

❸ **カメラアングル**
カメラアングルをプリセットから選択する。

❹ **編集対象を注視**
画角の中心に3Dデッサン人形が配置された構図になる。

❺ **接地**
3D空間の床面に接地する。

❻ **ポーズを登録**
ポーズを素材として登録する。

❼ **左右反転**
ポーズを左右反転する。

❽ **初期ポーズ**
初期ポーズに戻す。

❾ **体型を登録**
設定した体型を登録。

❿ **関節の固定**
選択中の関節を固定する。

⓫ **関節の固定をすべて解除**
関節の固定をすべて解除する。

⓬ **体型変更**
[サブツール詳細] パレットの [体型] カテゴリーが表示され、体型を編集できる。詳しい操作方法については次ページへ。

👉 数値で位置と大きさを編集

より詳細に位置を編集したい場合は [サブツール詳細] パレットの [配置] カテゴリーで行う。[オブジェクトスケール] では3Dデッサン人形の大きさも編集することができる。また [サブツール詳細] パレットの [カメラ] カテゴリーでは詳細なカメラの編集が可能になっている。

👉 体型の変更

3Dデッサン人形は体型を自由に変更できる。ここでは全身の体型変更の方法について解説する。

1 オブジェクトランチャーの［体型変更］をクリックすると［サブツール詳細］パレットの［体型］カテゴリーが表示される。

3 ［身長］でモデルの身長を編集できる。数値はcmで表示されている。男性型の場合は初期状態だと［175］cmに設定されている。

2 スライダーを上に動かすと男性型は筋肉が強調される。女性型はグラマーな体型になる。

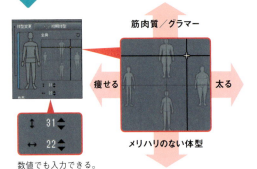

数値でも入力できる。

4 ［頭身］で頭身を変更できる。値を大きくするほど頭が小さいプロポーションになる。［頭身を身長に合わせて調整］をオンにすると身長と連動して頭身が変更される。

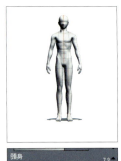
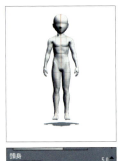

👉 部位ごとの体型の変更

体型は、部位ごとに長さや太さを調整することもできる。

1 ［サブツール詳細］パレットの［体型］カテゴリーで、表示された図から部位を選択する。

人形の図で部位を選択する。ここでは腕を選択してみる。

全身の体型変更に戻すときはここをクリック。

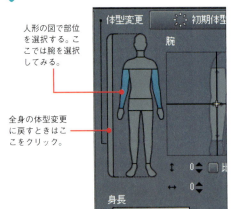

2 2Dスライダーをドラッグして各部位の太さなどを編集できる。

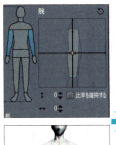
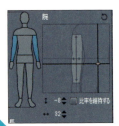
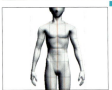
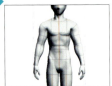

👉 ポーズを作成する

1 3Dデッサン人形は特定の部位をドラッグすると、そこから引っ張られるようにほかの部位も動くため、自然な動きをつけられる。

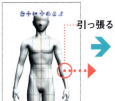 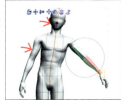
引っ張る

2 引っ張られたくない関節は、クリックで選択しオブジェクトランチャーより［関節の固定］をクリックで固定することができる。

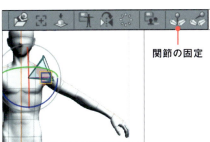
関節の固定

3 3Dデッサン人形をクリックすると紫の球体が表示される。球体をドラッグすると球体ごとに連動した部位を動かすことができる。腕や足だけ動かしたい場合に使おう。

空中にある紫の球体は顔の向きを変えることができる。

4 ❸の後で3Dデッサン人形をクリックすると、クリックした箇所の部位の操作用のリング（マニピュレータ）が表示される。リングをドラッグすると部位の関節が動く。

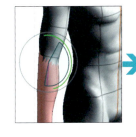 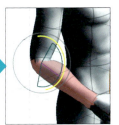

👉 手のポーズを作成する

1 ポーズを変えたい方の手の側の部位を選択する。右手のポーズを変えたい場合は、右腕などを選ぶとよい。

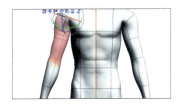

2 ［ツールプロパティ］パレットの［ポーズ］にある［＋］をクリックすると「ハンドセットアップ」が表示される。

クリック

3 逆三角形のエリア内の＋を上にドラッグすると手が開き、下に動かすと握る。握り方は4種類から選択できる。

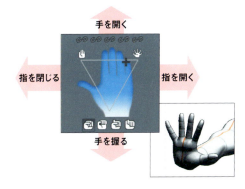
手を開く
指を閉じる　指を開く
手を握る

4 動かしたくない指をロックできる。たとえば開いた状態から、人差し指、中指をロックして握るとピースサインになる。

ロック
各指に対応しており、オンにすると指が動かなくなる。

CHAPTER:06 02 パース定規で背景を描く

[パース定規]は、遠近感のある描画を助けてくれる[定規]ツール。
[パース定規]を使うと建物や室内のイラストがぐっと描きやすくなる。

パース定規の作例

室内を描いた作例で、パース定規の使い方を見ていこう。

1 ラフを描いてイメージを固める。このラフから消失点などのアタリをつけておくとよい。

消失点
消失点とは、遠近法（遠近感を出す画法）において、実際には平行な線が遠くで交わる点のこと。下図のように平行な線が地平線で消える点だとイメージするとわかりやすい。

2 [定規作成]ツール→[パース定規]を選択。[ツールプロパティ]パレットで、[処理内容]を[消失点の追加]に設定する。

3 このイラストでは2つ消失点を作成する。左側の奥行きの消失点、右側の奥行きの消失点を決めていく。

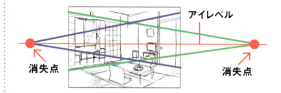

2点透視図法
作例のように消失点を2つとり遠近感を表す図法を2点透視図法という。高さの歪みを描かないため縦の線は水平線に対して垂直に描かれるのが特徴。建物の外観や室内の描画などに用いられる。

アイレベル
アイレベルとは、目線の高さを表す言葉。2点透視図法では消失点はアイレベル上に存在する。

4 奥行きの消失点に交わりそうな線を、ラフから2本選び、それになぞるように[パース定規]でドラッグする。すると消失点が作成される。

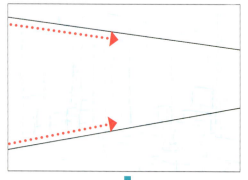

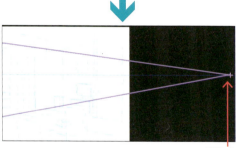

消失点

5 反対側の奥行きの消失点も同じような操作で作成する。

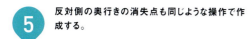
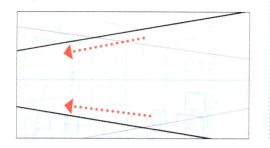

6 消失点が2つあるパース定規が作成された。2つの消失点はキャンバスからはみ出すくらい離れているほうが、自然なパースになりやすい。

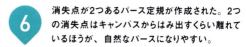
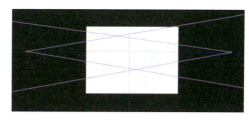

7 ［操作］ツール→［オブジェクト］で選択するとパース定規の編集が可能になる。

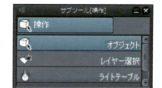

パース定規の各部名称

ここでパース定規の各部名称を覚えておこう。

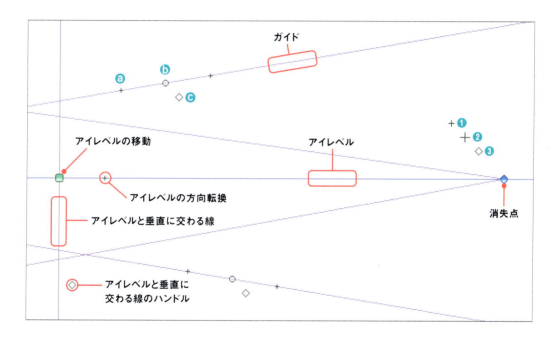

ⓐ 消失点の移動
＋をドラッグするとガイドに引っ張られるような形で消失点が動く。

ⓑ ガイドの移動
○をドラッグするとガイド線が動く。

ⓒ 消失点へのスナップの切り替え
◇をクリックすると、消失点へのスナップのオン／オフを切り替えられる。

❶ パース定規全体のハンドルの移動
ドラッグするとパース定規全体のハンドルの位置を変えられる。

❷ パース定規の移動
ドラッグするとパース定規全体を移動できる。

❸ パース定規へのスナップの切り替え
クリックで、パース定規へのスナップのオン／オフを切り替えられる。

⑧ ［オブジェクト］で編集中に右クリック。開いたメニューから［アイレベルを水平にする］を選択するとアイレベルが水平になる。

⑩ まずは下描き。［特殊定規にスナップ］をオンにし、消失点方向に線を引く。下描きは［図形］ツール→［直線］を使用している。

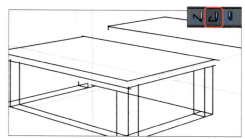

下描きははみ出しても気にしないでどんどん描いてく。

⑨ もう一度右クリックし［アイレベルを固定］を選んでチェックを入れておくと、間違ってアイレベルを動かす心配がなくなる。

［ツールプロパティ］パレットでも［アイレベルを固定］の設定ができる。

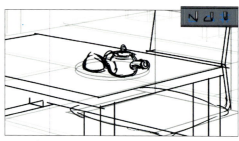

スナップさせたくない描画は［特殊定規へスナップ］をオフにして描く。

⑪ ［オブジェクト］で選択中の［ツールプロパティ］パレットより［グリッド］を表示できる。作例では床面の畳の大きさを測るのに役立てた。

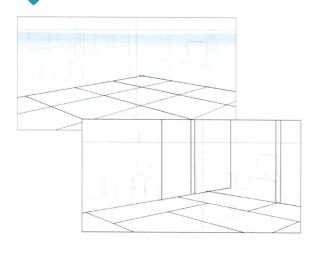 

［グリッドサイズ］はこの部分をクリックすると表示される。

❶ XY平面

❷ YZ平面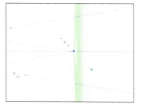

❸ XZ平面

❹ グリッドサイズ
グリッドの間隔を調整できる。

12 清書は［ペン］ツールで行う。意図しない消失点にスナップしてしまう場合は、［消失点へのスナップの切り替え］を活用するとよい。

13 ベクターレイヤーで作業すれば、はみ出した線は［消しゴム］ツール→［ベクター用］を［交点まで］（→P.62）に設定して修正できる。

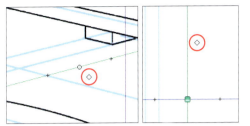

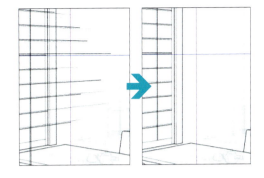

◇をクリックでスナップのオン／オフを切り替える。左は消失点へのスナップをオフに、右はアイレベルと垂直に交わる線へのスナップをオフにしている。スナップをオフにすると線の色が緑になる。

14 線の描画中、角度などが気に入らない場合は、ペンをタブレットから離す前に、線の引き始めまでペンを戻すと描画をやり直すことができる。

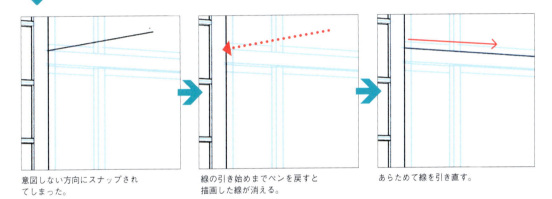

意図しない方向にスナップされてしまった。　　線の引き始めまでペンを戻すと描画した線が消える。　　あらためて線を引き直す。

15 イラストを仕上げる。パース定規へのスナップが不要な仕上げ作業では、定規を非表示にして作業している。

背景イラストの完成

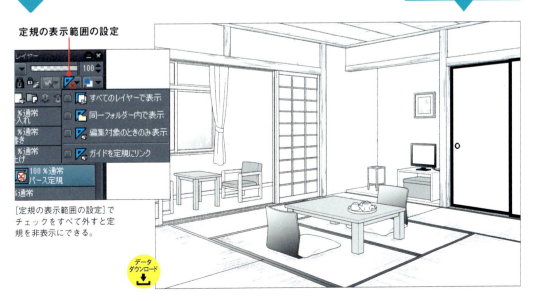

定規の表示範囲の設定

［定規の表示範囲の設定］でチェックをすべて外すと定規を非表示にできる。

02 パース定規で背景を描く

CHAPTER:06　03　クイックマスクから選択範囲を作成

クイックマスクは、ツールで描画するように選択範囲を作成することができる。
またよく似た機能の［選択範囲をストック］も覚えておきたい。

👉 クイックマスク

→ ペンや塗りつぶしツールで選択範囲を作成する

クイックマスクを描画系ツールで編集し、選択範囲を作成する過程を見ていこう。

1 クイックマスクを活用すると複雑な形の選択範囲が作成できる。ここではイラストの髪の部分に選択範囲を作成する。

髪の部分を選択範囲に

2 ［選択範囲］メニュー→［クイックマスク］を選択すると、［レイヤー］パレットにクイックマスクレイヤーが作成される。

3 クイックマスクでは描画した部分は赤く表示される。最終的にこの赤い表示が選択範囲になる。まずは線が閉じられていない部分を［ペン］ツールで塗って埋めていく。

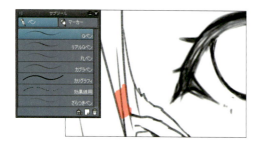

4 すき間が埋まったら、［塗りつぶし］ツール→［他レイヤーを参照］に持ち替え、塗りつぶす。

細かい塗り残しは［塗りつぶし］ツール→［塗り残し部分に塗る］で修正した。

5 細い髪の毛も［ペン］ツールで描画すると選択範囲になる。また透明色を選択すればツールを持ち替えずに修正できる。

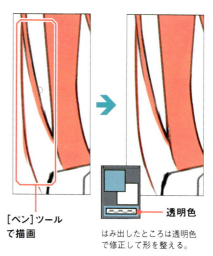

［ペン］ツールで描画　　透明色

はみ出したところは透明色で修正して形を整える。

6 ［選択範囲］メニュー→［クイックマスク］を選択するとクイックマスクは解除され、選択範囲が作成される。

> ### アイコンから選択範囲
>
> クイックマスクレイヤーや選択範囲レイヤーは のアイコンをクリックすると選択範囲を作成できる。
>
>

ぼけた選択範囲を作成する

クイックマスクは、ストロークに透明部分がある［エアブラシ］ツールなどを使えるため、端がぼけた選択範囲を作成することができる。例を見てみよう。

1 描画部分の選択範囲を作成し、［選択範囲］メニュー→［クイックマスク］をオンにする

2 カラーアイコンで透明色を選択し、［エアブラシ］→［柔らか］で赤い表示範囲を部分的に消す。

透明色の［柔らか］でぼんやりと消すことができる。

3 ［選択範囲］メニュー→［クイックマスク］でクイックマスクを解除すると、ぼけのある選択範囲が作成される。

［塗りつぶし］してみるとしっかり選択範囲がぼけているのがわかる。

選択範囲をストック

［選択範囲］メニュー→［選択範囲をストック］は選択範囲をストックしておける機能。選択範囲を作成するときは［選択範囲］メニュー→［ストックから選択範囲を作成］を選択する。

選択範囲レイヤー

クイックマスクとの違い
［選択範囲をストック］は、クイックマスクとよく似た機能だが、選択範囲は緑で表示される。またクイックマスクのように自動的に削除されることはない。

CHAPTER:06 04 うごくイラストを作る

アニメーション機能を使って「うごくイラスト」を作ることができる。
アニメーションGIFも手軽に作成できるので試してみよう。

目パチのうごくイラスト

目をパチパチ開閉するアニメーションを目パチという。ここでは目パチの「うごくイラスト」を作成する。

1 アニメーション機能を使ってイラストを動かす過程を見ていこう。まずはCLIP STUDIO PAINTで作成した動かしたいイラストのファイルを開く。

2 動かしたい部分は必ずレイヤーを分ける。今回は目を動かすので開いた目をベースに目の差分レイヤーを作る。

作成した差分

開いた目

半開きの目

閉じた目

 複製を保存でバックアップ

元のイラストの状態を保存しておきたい場合は［ファイル］メニュー→［複製を保存］→［.clip］で保存しておく。

3 ［アニメーション］メニュー→［タイムライン］→［新規タイムライン］を選択。
［新規タイムライン］ダイアログが開く。

❶タイムライン名
タイムライン名を入力する。

❷フレームレート
フレームレートとはアニメーションを動かすために1秒間に表示できる画像の数。ここでは［8］(fps)にしたので1秒間に8枚の画像が順に表示される。

❸再生時間
再生時間の設定。初期設定の［フレーム数（1始まり）］で設定する場合フレームレート×秒数の値を入力する。今回はフレームレート8fpsで1秒間の「うごくイラスト」にするため、8×1で［8］と入力する。

❹シーン番号
シーン番号を入力する。アニメーション制作で複数のシーン（場面）がある場合に設定するところなので今回は特に設定せず［1］のままとする。

❺カット番号
カット番号を入力する。カットはシーンよりもより小さな動画の構成単位。シーン番号と同じくここでは設定しない。

❻区切り線
［タイムライン］パレットを区切る線を設定する。

4 ［アニメーション］メニュー→［新規アニメーションフォルダー］でアニメーションフォルダーを作成する。

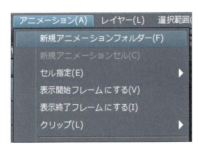

アニメーションフォルダー

5 アニメーションフォルダーの中に、動かしたい部分のレイヤーをドラッグ＆ドロップで格納する。

アニメーションフォルダー内のレイヤーはこの時点では非表示になる。

[タイムライン]パレットの1フレーム目を右クリックし、開いたメニューからアニメーションフォルダー内のレイヤーを指定する。このレイヤーがアニメーションでいうセルになる。

タイムラインパレット

右クリック
iPad版：指で長押し　フレーム

[タイムライン]パレットは、時間軸に対してセルを表示するタイミングなどを指定する。

 2フレーム目以降のレイヤーも⑥と同じように指定していく。セルの指定やフレーム位置を変えるときは[タイムライン]パレットで操作する。

セルの変更
表示したいセルを変更したいときは、右クリックよりアニメーションフォルダー内にある他のレイヤーを選択する。

タイミングを変える
タイミングを変更したいフレーム内のセルをつかみ、横に移動すると、セルが表示されるタイミングを変えることができる。

 レイヤーフォルダーをセルに

アニメーションフォルダー内でフレームに指定していないレイヤーは、非表示になり編集することができない。フレームに指定してから編集しよう。
また、「線画」「着色」などの複数のレイヤーを使って1つの画像を作成する場合は、レイヤーフォルダーに格納し、そのレイヤーフォルダーを1つの画像としてフレームに指定する。

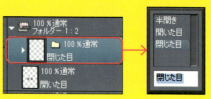

レイヤーフォルダーを1つの画像（セル）として[タイムライン]パレットのフレームに指定することができる。

 オニオンスキン

[アニメーション]メニュー→[アニメーションセル表示]→[オニオンスキンを有効化]でオニオンスキンをオンにすると、前後のフレームの画像を見ながらセルに絵を描くことができる。

アニメーションフォルダー内のレイヤー（セル）を選択したとき、前のフレームの画像が青く表示され、次のフレームの画像は緑で表示される。

［タイムライン］パレットにある［再生］でアニメーションをプレビュー再生できる。確認しながらフレームを設定していこう。

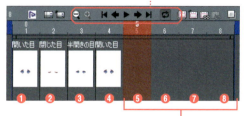

セルを指定しないフレームは、直前のフレームのセルが表示される。

ここでは1：開いた目→2：閉じた目→3：半開きの目→とし、4～8フレームはすべて開いた目に指定した。

間にセルを追加したいときは、タイミングを変えたいセルを動かして空いたフレームを選択し、［新規アニメーションセル］をクリックする。

新規アニメーションセル

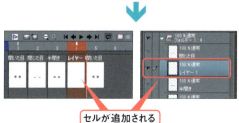

セルが追加される

セルを入れ替える　　中割りを増やす

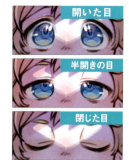

［再生］で動きを確認し、セルを入れ替えたりしてみよう。

キーになる絵（アニメだと原画という）の間をつなぐ絵を中割りという。中割りを入れたり抜いたりしてアニメーションに緩急をつけることができる。

［ファイル］メニュー→［アニメーション書き出し］→［アニメーションGIF］よりアニメーションGIFに書き出すことができる

［ファイル］メニュー→［アニメーション書き出し］→［アニメーションGIF］を選択すると［アニメーションGIF出力設定］ダイアログが開き、サイズやループの設定が行える。

 動画ファイルを書き出す

［ファイル］メニュー→［アニメーション書き出し］→［ムービー］から動画ファイルを書き出すことができる。

WindowsはAVIやMP4、macOS／iPad版はQuickTimeやMP4で書き出せる。

04 うごくイラストを作る

CHAPTER:06 05 印刷用データにプロファイルを設定する

同人誌のカバーやポストカードをカラー印刷するときなど、
画像をCMYKに変換する場合は事前にカラープロファイルを設定するとよい。

カラープロファイルプレビュー

カラープロファイルプレビューを利用して、CMYKに変換後の画像をプレビュー表示することができる。変換後の画像を意図した色みにするために、あらかじめプレビューで確認しておくとよい。

CMYKに変換したいファイルを開き、［表示］メニュー→［カラープロファイル］→［プレビューの設定］を選択する。

CLIP STUDIO PAINTで作成された画像は、RGBで色を表現している。

［カラープロファイルプレビュー］ダイアログが開く。［プレビューするプロファイル］より［CMYK:Japan Color 2001 Coated］を選択。

「Japan Color 2001 Coated」は、日本の印刷で使用される最も一般的なカラープロファイルである。

CMYKとRGB

CMYKとは、シアン、マゼンタ、イエロー、ブラックで色を表現する形式。印刷では、この4色のインクを混ぜて、さまざまな色を表現する。
一方RGBとは、レッド、グリーン、ブルーの3原色で色を表現する形式で、パソコンやテレビのディスプレイなどで使用されている。RGBのほうが表現できる色の幅が広いため、RGBの画像をCMYKに変換した際に、色の変化がおきてしまう場合がある。

3 CMYKに変換後の画像がプレビューされる。プレビューをオフにする場合は［表示］メニュー→［カラープロファイル］→［プレビュー］を選択してチェックを外す。

プレビューをオン

プレビューをオフ

 カラープロファイル

カラープロファイルとは、ほかの環境で表示や印刷する場合に、同じように色が表示されるようにするためのもの。ICCプロファイルと表記されることもある。

CMYKで書き出す

CMYKで書き出すときは［画像を統合して書き出し］を選択する。

1 ［ファイル］メニュー→［画像を統合して書き出し］より、CMYKが表現可能な画像形式を選ぶ。

CMYKが表現可能な画像形式
.jpg（JPEG）
.tif（TIFF）
.psd（Photoshopドキュメント）
.psb（Photoshopビッグドキュメント）

2 書き出し設定のダイアログで、［表現色］を［CMYKカラー］にする。設定が終わったら［OK］でCMYKの画像を書き出そう。

カラープロファイルを設定している場合は、［ICCプロファイルの埋め込み］にチェックを入れるとカラープロファイルを画像に埋め込むことができる。

CHAPTER:06 よく使う機能を集めたパレットを作る

［クイックアクセス］パレットは、よく使うツールや機能、描画色などを、ボタンやリストにして並べておき、手早く使うことができる。

クイックアクセスパレット

よく使うツールや描画色、機能などを［クイックアクセス］パレットに登録して、オリジナルのパレットを作ろう。

1 ［クイックアクセス］パレットは［素材］パレットと同じパレットドックにボタン状に表示（タブ表示）されている。

2 ［メニュー表示］→［セットを作成］で新規セットが追加される。

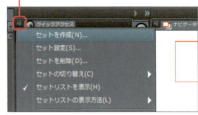

3 機能やツール、描画色などを追加してみよう。基本的にはリストから［追加］でパレットに加えることができる。

メニューの機能を追加

メニューから行う機能を追加したい場合は、［メニュー表示］→［クイックアクセス設定］を選択。設定領域を［メインメニュー］にして、リストから項目をドラッグ＆ドロップするか、もしくは［追加］をクリックする。

［クイックアクセス］パレットに追加される。

メニューにない機能を追加

パレット固有の機能など、メニューから選択できない機能を追加するには、まず［メニュー表示］→［クイックアクセス設定］を開き設定領域で［オプション］を選ぶ。さらに［ツールプロパティ］や［レイヤープロパティ］などの機能を選択して追加できる。

サブツールを追加

サブツールの登録は、［サブツール］パレットからサブツールをドラッグ＆ドロップで行うのが手軽だ。

描画色を追加

登録したい描画色を選択しておき、［クイックアクセス］パレットの空欄を右クリック（iPad版：指で長押し）→［描画色を追加］で描画色を追加する。

 4 ［メニュー表示］→［表示方法］より、表示方法を変更できる。使いやすいものに変えておこう。

5 ［メニュー表示］→［セット設定］でセット名を変更できる。

項目が多くなった場合は［タイル小］や［タイル極小］などを選ぶとよい。

6 セットを削除するときは、［メニュー表示］→［セットを削除］を選択する。

06 よく使う機能を集めたパレットを作る

165

CHAPTER:06 07 ショートカットのカスタマイズ

ショートカットキーを使うと作業のスピードがぐっと早まる(よく使うショートカットキー一覧→P.169)。頻繁に使う機能はショートカットキーを設定しておくとよい。

ショートカットキーを設定する

ショートカットキーは、初期状態で汎用的なものが設定されているが、別のキーに変更したい場合や、よく使う操作にショートカットキーが割り当てられていない場合は、オリジナルのショートカットキーを設定しよう。

1 ここでは[レイヤーを複製]にショートカットキーを割り当ててみる。[ファイル]メニュー(macOS/iPad版の場合は[CLIP STUDIO PAINT]メニュー)→[ショートカット設定]を選択。

[ショートカット設定]ダイアログが開く。

2 ショートカットキーを設定したい操作を選択する。[設定領域]を[メインメニュー]にし、[レイヤー]ツリーにある[レイヤーを複製]を選択。

3 [ショートカットを編集]をクリック。キーを押してショートカットキーを割り当てる。すでにほかの操作に割り当てられている場合はアラートが表示される。

4 キーが決まったら[OK]をクリック。ショートカットキーが確定される。

修飾キーを設定する

［修飾キー設定］は、修飾キーによるツールの一時切り替えなどの操作を設定することができる。

1 ［ファイル］メニュー（macOS／iPad版の場合は［CLIP STUDIO PAINT］メニュー）→［修飾キー設定］を選択すると［修飾キー設定］ダイアログが開く。ここで［ツール処理別の設定］を選択する。

2 ［サブツール］右のボタンをクリックすると［サブツール選択］ダイアログが開く。設定したいサブツールを選ぼう。

修飾キー設定の反映先
修飾キーの設定はサブツールごとに設定されず、出力処理と入力処理が共通するサブツールに反映される。たとえば［Gペン］と［濃い鉛筆］は出力処理と入力処理が同じため、［Gペン］を設定すると［濃い鉛筆］にも同じ修飾キー設定が反映される。

 ボタンひとつで機能を切り替える

片手入力デバイスCLIP STUDIO TABMATE（別売）を使用すれば、キーボードに手を伸ばしたりペンをメニューバーまで動かしたりせずに、ボタンを押すだけで200種以上の操作を即座に実行できる。
詳しくは公式Webページへ
https://www.clipstudio.net/promotion/tabmate

3 リストで修飾キーが設定されていない項目を選んで設定する。ここではShift+Altの［共通］を［ツールを一時変更］にした。

 共通の設定
［共通］とあるところは、全ツール共通の設定が反映されている。［共通の設定］を選ぶと確認できる。

4 ［ツールを一時変更の設定］ダイアログが開くので［レイヤー移動］ツリーにある［レイヤー移動］を選択して［OK］をクリック。［修飾キー設定］ダイアログに戻って［OK］で設定が完了する。

CHAPTER:06 08 オートアクションで操作を記録

オートアクションは、よく使う操作を記録し、記録後はワンクリックで自動的に再生する機能。作業の効率化に役立てよう。

オートアクションパレット

[オートアクション]パレットに一連の操作を記録しておくと、[再生]をクリックするだけで記録された操作を実行できる。

1 初期のワークスペースでは、[オートアクション]パレットは[レイヤー]パレットと同じパレットドックにある。タブをクリックして表示する。

[オートアクション]パレットのタブ

iPad版では[ウィンドウ]メニュー→[オートアクション]でパレットを表示しよう。

2 [オートアクションを追加]をクリックし、名称を入力する。名称は操作内容がわかるようなものがよい。

オートアクションを追加

3 ●ボタンをクリックすると記録を開始するので、記録したい操作を行う。記録中●ボタンは■ボタンに変わる。

記録開始

記録したい操作を行う

4 操作が完了したら■をクリックして記録を停止する。これで新たにオートアクションの項目が追加された。

記録停止

再生　削除

再生と削除
記録したオートアクションは、▶ボタンをクリックすると再生される。またオートアクションを削除するときはゴミ箱のアイコンをクリックする。

よく使うショートカットキー 一覧

共通のショートカット

前のサブツールに切り替え	, (コンマ)
次のサブツールに切り替え	. (ピリオド)
手のひら	Space
回転	Shift+Space
虫めがね(拡大) ※macOSの場合、先に[Space]キーを押したあと[Command]キーを押す。	Ctrl+Space
虫めがね(縮小)	Alt+Space
メインカラーとサブカラーを切り替え	X
描画色と透明色を切り替え	C
レイヤー選択	Ctrl+Shift

ペン・鉛筆・筆・エアブラシ・デコレーション・消しゴムツール選択時のショートカット

スポイト	Alt
オブジェクト	Ctrl
ブラシサイズを大きくする	]
ブラシサイズを小さくする	[
不透明度を上げる	Ctrl+]
不透明度を下げる	Ctrl+[
ブラシサイズ変更	Ctrl+Alt+ドラッグ
直線を描く	Shift

メニューのショートカット

▶ ファイルメニュー

新規	Ctrl+N
開く	Ctrl+O
閉じる	Ctrl+W
保存	Ctrl+S
別名で保存	Shift+Alt+S
印刷	Ctrl+P

▶ 編集メニュー

取り消し	Ctrl+Z
やり直し	Ctrl+Y
切り取り	Ctrl+X
コピー	Ctrl+C
貼り付け	Ctrl+V
消去	Del
選択範囲外を消去	Shift+Del
塗りつぶし	Alt+Del
色相・彩度・明度	Ctrl+U
拡大・縮小・回転	Ctrl+T
自由変形	Ctrl+Shift+T

▶ レイヤーメニュー

新規ラスターレイヤー	Ctrl+Shift+N
下のレイヤーでクリッピング	Ctrl+Alt+G
下のレイヤーと結合	Ctrl+E
選択中のレイヤーを結合	Shift+Alt+E
表示レイヤーを結合	Ctrl+Shift+E

▶ 選択範囲メニュー

すべてを選択	Ctrl+A
選択を解除	Ctrl+D
再選択	Ctrl+Shift+D
選択範囲を反転	Ctrl+Shift+I

▶ 表示メニュー

ズームイン	Ctrl+Num+
ズームアウト	Ctrl+Num−
100%	Ctrl+Alt+0
全体表示	Ctrl+0
表示位置をリセット	Ctrl+@
ルーラー	Ctrl+R

INDEX

数字

2点透視 ･････････････････････････ 152
3D素材 ･････････････････････････ 148
3Dデッサン人形
　････････････････ 009, 148, 149, 150, 151
3Dレイヤー ･･････････････････ 070, 148
3次ベジェ ････････････････････････ 120

アルファベット

CLIP STUDIO（サイト） ･････････････ 137
CLIP STUDIO（ポータルアプリケーション）
　･･････････ 009, 010, 011, 041, 057, 086,
　　　　　097, 107
CLIP STUDIO ASSETS
　･･････････ 011, 024, 026, 057, 086, 091,
　　　　　094, 097, 107
CLIP STUDIO ASK ･･････････････････ 009
CLIP STUDIO FORMAT ････････････ 018
CMYK ････････････････････ 019, 162, 163
Gペン ･･････ 044, 048, 052, 075, 087, 089,
　　　　　090, 167
ICCプロファイル ･･･････････････････ 163
iPad版 ･･････ 006, 010, 013, 028, 040, 041
JPEG ･･････････････ 018, 019, 040, 125, 163
Photoshopドキュメント（形式）
　････････････････････････････ 019, 163
Photoshopビッグドキュメント（形式）
　････････････････････････････ 019 ,163
PNG ･････････････････････ 018, 019, 040
RGB ･･････････････ 019, 098, 102, 127, 162
TGA ････････････････････････････ 019
TIFF ･････････････････････････ 019, 163

あ

アイレベル ･･･････････ 152, 153, 154, 155
アイレベルを固定 ･････････････････ 154
アニメーション（作品の用途） ･･･････ 016, 017
アニメーション書き出し ･･････････ 161
アニメーション機能 ･･･････････ 017, 158
アニメーションフォルダー ････････ 159, 160
網点の種類（トーン） ･･･････････････ 142
粗い鉛筆 ･･･････････････････ 058, 096
アンチエイリアス ･･･････････････････ 061
移動ツール ･････････････････ 020, 032
移動マニピュレータ ･･････････････ 148
イラスト（作品の用途） ･･････････ 016, 042
入り抜き ･･････ 055, 060, 065, 140, 141
入り抜き影響先設定 ･･････････････ 055
色鉛筆（鉛筆ツール） ･･･････････ 052, 096
色の誤差 ･･･････････････････ 037, 073
色延び ･･･････････････････････ 098
色混ぜツール
　･･････････････ 020, 022, 097, 101, 103,
　　　　　107, 118, 119
イワタアンチック体B ･･･････････････ 137
インジケーター ･･････････････････ 023
インストール ･･････････････････････ 010
インターフェース ･･････････････････ 012
ウィンドウメニュー ･･････ 014, 015, 025, 168
うごくイラスト ････････････ 016, 017, 158
エアブラシツール
　･････ 020, 022, 079, 083, 085, 087, 090,
　　　　106, 109, 117, 130, 145, 157
絵の具濃度 ･･････････････････････ 098
絵の具量 ･･･････････････････････ 098
鉛筆ツール
　･････ 020, 022, 042, 047, 052, 056, 058,
　　　　065, 096, 106, 109
覆い焼きカラー ･･････････････････ 085
覆い焼き（発光） ･･････････････ 085, 130

オートアクションパレット ……………… 168
オーバーレイ ……………… 105, 110, 115
オニオンスキン ……………………………… 160
オブジェクト(操作ツール)
　…… 021, 063, 064, 066, 092, 121, 129,
　　　134, 135, 136, 137, 138, 140, 146,
　　　148, 153, 154
オブジェクトランチャー ……… 149, 150, 151
折れ線選択 ……………………………………… 035

か

解像度 …………… 016, 017, 068, 126, 132
回転(キャンバス表示) …………………… 033
回転スライダー ……………………………… 033
回転をリセット ……………………………… 033
ガイド(パース定規) ……………………… 153
ガウスぼかし ……………… 116, 117, 127
拡大(キャンバス表示) …………… 032, 033
拡大・縮小・回転(編集メニュー) …… 038, 169
拡大・縮小・回転(ベクター線) ……………… 064
拡大・縮小スライダー …………………… 033
拡張子 ……………………………………… 018
囲って塗る ………………………………… 076
重ねムラブラシ …………………………… 095
加算(発光) ……………………… 085, 114
カスタムサブツールの作成 ……………… 130
画像形式 ……………………………… 019, 163
画像素材レイヤー …… 026, 068, 070, 126
画像を統合 ………………………………… 029
画像を統合して書き出し
　……………………… 019, 040, 059, 163
硬め(消しゴムツール) …………………… 022
カブラペン ……………………………… 048, 052
紙質強調(筆ツール／水彩) ……………… 095
カメラの回転 ……………………………… 148
カメラの前後移動 ………………………… 148
カメラの平行移動 ………………………… 148
カラー(合成モード) ……………………… 115
カラーサークルパレット
　……… 012, 013, 030, 078, 082, 086, 122
カラーセットパレット
　……………… 013, 077, 086, 087, 091
カラープロファイル ……………… 162, 163
簡易トーン設定 ……………………………… 143
環境設定
　……… 013, 025, 040, 046, 047, 120, 128,
　　　132
輝度を透明度に変換 ……………… 069, 125
基本線数 ……………………………………… 017
基本表現色
　……………… 016, 017, 028, 042, 132
基本レイアウトに戻す(ウィンドウメニュー)
　……………………………………………… 015
基本枠 ……………………………… 017, 047
キャンバス ……………………………… 012, 013
キャンバスサイズを選択範囲に合わせる
　……………………………………………… 035
境界効果 ……………… 102, 122, 123, 128
曲線定規 ……………………………………… 067
曲線フキダシ ………………………………… 138
クイックアクセスパレット …………… 012, 164
クイックマスク ……………………… 156, 157
グラデーションツール ………… 070, 092, 146
グラデーショントーン ……………………… 146
グラデーションレイヤー ……………… 026, 092
グリッド ……………… 118, 119, 120, 121
グリッド(パース定規) …………………… 154
グロー効果 …………………………………… 116
消しゴムツール
　……… 020, 022, 062, 108, 139, 144, 146
濃い鉛筆
　………042, 047, 052,106, 109, 110, 167
濃い水彩 ……………………………………… 094
効果線用(ペンツール) ……………… 049, 141
合成モード
　……… 027, 045, 082, 084, 085, 091, 105,
　　　110, 114, 115, 116, 127, 130
交点まで ………………………………… 062, 155
コマ作成 ……………………………………… 135

171

コマフォルダー分割……………………… 133
コマ枠カット ……………………… 047, 132, 133
コマ枠フォルダー
　……………… 047, 132, 133, 134, 139
コマンドバー
　……………… 012, 013, 040, 041, 066, 067
コミック設定 ……………………………… 017
ごみ取り …………………………………… 069

さ

再生(オートアクションパレット) …………… 168
再生(タイムラインパレット) ………………… 161
彩度 ………………………………………… 030
サインペン ………………………………… 053
サブツール詳細パレット
　……… 020, 023, 055, 057, 088, 098, 102,
　　　109, 130, 141, 149, 150
サブツール素材を読み込み
　………………… 021, 024, 057, 097, 107
サブツールの複製 ………………… 021, 057
サブツールパレット ………… 012, 020, 021
左右反転 ……………… 033, 061, 126, 149
参照レイヤー ……… 027, 037, 074, 075, 129
散布効果 …………………………………… 130
色相 ………………………………………… 030
色調補正レイヤー
　……………… 026, 110, 112, 113, 127
下描きレイヤー …………………… 027, 059
下塗り ………………………………… 044, 072
下のレイヤーでクリッピング
　……… 027, 045, 079, 080, 084, 088, 090,
　　　125, 169
下のレイヤーに結合 ……………… 027, 029, 169
下のレイヤーに転写 ……………………… 027
質感合成 …………………………………… 104
自動選択ツール
　……… 020, 021, 036, 037, 059, 081, 143
修飾キー ……………………………… 031, 167
集中線 ………………………… 048, 140, 141

自由変形 ……………………………… 039, 169
シュリンク選択 …………………………… 035
定規にスナップ …………………… 013, 066, 067
定規の表示範囲を設定 ……… 027, 066, 155
上下反転 …………………………… 033, 126
乗算 ………………………………………… 082
消失点 ………………… 152, 153, 154, 155
ショートカットキー
　……………… 025, 032, 033, 166, 169
ショートカット設定 ……………………… 166
新規色調補正レイヤー …………… 112, 127
新規ベクターレイヤー …… 027, 048, 062, 120
新規ラスターレイヤー …………………… 027
新規レイヤーフォルダー ……… 027, 029, 080
水彩境界 …………………… 095, 102, 103
水彩グループ(筆ツール) ………………… 094
水彩なじませ(色混ぜツール) ………………… 097
水彩毛筆 …………………………………… 095
ズームアウト ……………………… 032, 033
ズームイン ………………………… 032, 033
隙間閉じ …………………………… 037, 073
スクリーン ……………… 085, 091, 114, 116
スピード線(流線) ………………………… 141
スプライン ……………………… 067, 138, 140
スポイトツール …… 020, 031, 040, 087, 101
墨グループ ………………………… 022, 053
スライダー表示 …………………………… 023
制御点
　……… 039, 062, 063, 065, 066, 120, 121,
　　　129, 134, 136
セル ………………………………… 160, 161
繊維にじみ(色混ぜツール)
　………………… 097, 101, 103, 118
線修正ツール …………………… 020, 065, 069
線数(トーン) ……………………………… 142
全設定を初期設定に登録 ……………… 023, 057
全体表示 …………………………………… 033
選択消し …………………………………… 035
選択範囲外を消去 …………… 013, 035, 118
選択範囲外をマスク ……………………… 136

選択範囲ツール……………021, 034, 143
選択範囲ランチャー…………035, 118, 143
選択範囲レイヤー………………………157
選択範囲を縮小…………034, 035, 128
選択範囲をストック………………156, 157
選択範囲を反転…………013, 034, 035
選択範囲をマスク………………………081
選択ペン…………………………………035
線の色を描画色に変更……………044, 078
線幅修正…………………………………065
素材パレット
　　……011, 012, 024, 026, 049, 050, 057,
　　　　097, 104, 105, 107, 119, 136, 143,
　　　　144, 146, 148, 164
素材をさがす
　　……………011, 024, 057, 086, 097, 107

た

体型変更………………………………149, 150
対称定規………………066, 067, 122, 123
タイリング………………………………119
楕円選択(選択範囲ツール)……………034
楕円フキダシ(フキダシツール)………138
タッチ操作…………………………013, 040
玉杢(テクスチャ)………………………105
単色パターン
　　……………050, 104, 105, 143, 144, 146
チャンネル(トーンカーブ)……………127
長方形選択………………034, 118, 136
直線定規…………………………………022
ツールパレット……………………020, 030
ツールプロパティパレット……………020, 023
テキストツール
　　……………020, 046, 050, 128, 137, 138
テキストレイヤー
　　………………019, 021, 026, 074
デッサン鉛筆……………………………096
手のポーズ………………………………151
手ブレ補正……………056, 061, 083, 122

透明色
　　……020, 030, 060, 070, 083, 090, 103,
　　　　117, 130, 144, 145, 146, 156, 157
透明水彩(筆ツール／水彩)…………022, 094
透明ピクセルをロック…………027, 078, 079
トーン
　　……017, 019, 028, 050, 124, 142, 143,
　　　　144, 145
トーン化…………019, 028, 124, 125, 145
トーンカーブ……………………112, 127
トーン削り………………………………145
トーンレイヤー…………………142, 144
特殊定規………………………………048, 141
特殊定規にスナップ
　　……………013, 066, 067, 141, 154
取り消し……………013, 025, 060, 169
トンボ……………………………017, 019

な

投げなわ選択……………………………034
ナビゲーターパレット…………012, 033, 061
滑らか水彩………………………………094
にじみ薄墨………………………………053
にじみ縁水彩………095, 100, 101, 103, 118
塗り＆なじませ…………………………095
塗りつぶしツール
　　……022, 044, 050, 059, 070, 072, 073,
　　　　074, 075, 076, 077, 083, 084, 121,
　　　　128, 129
塗り残し部分に塗る……………076, 156
ネーム……………………………046, 132
ノイズブラシ……………………………130
濃度(トーン)……………………………142

は

パース定規…………022, 152, 153, 154, 155
ハードライト……………………105, 127
パーリンノイズ…………………………105

ハイライト ………… 045, 084, 087, 089, 114
パステル …………………………………… 022
パレットドック …… 014, 015, 025, 164, 168
パレットドックのアイコン化 ………………… 015
ヒストリーパレット ……………………………… 025
左回転 ……………………………………… 033
筆圧検知レベルの調節 …………………… 054
筆圧の設定 ………………………………… 054
飛沫(エアブラシツール) ………………… 130
表現色(レイヤー) ………………………… 028
表示レイヤーのコピーを結合
　………………………… 116, 117, 119
フィッティング ……………………………… 033
フォント …………………………… 050, 137
フキダシ
　……… 020, 022, 049, 136, 137, 138, 139
フキダシしっぽ ……………………… 049, 138
フキダシレイヤー ……………… 137, 138, 139
複数参照 …………… 037, 074, 075, 129
不透明水彩(筆ツール／水彩)
　……… 022, 042, 045, 084, 087, 088, 089,
　　　090, 091, 094, 098, 099
不透明度(ブラシの設定) ………………… 056
不透明度(レイヤー)
　……… 027, 043, 056, 059, 084, 085, 104,
　　　105, 113, 114, 116, 145
ブラシ形状(ベクター編集) …… 064, 065, 129
ブラシサイズ影響元設定 ………………… 054
ブラシサイズパレット ………… 012, 013, 056
ブラシ先端 ………………………………… 130
ブラシ濃度 ………………………………… 056
フレーム ……………… 016, 159, 160, 161
フレームレート …………………… 016, 159
プレビューの設定 ………………………… 162
平行線(特殊定規) ………………………… 141
ベクター消去 ……………………………… 062
ベクター線 ……………… 062, 063, 064, 066
ベクターレイヤー
　……… 021, 022, 026, 039, 062, 070, 120,
　　　128, 155

ベジェ曲線 ………………………………… 120
別名で保存 ……………………… 018, 041, 169
ペン入れ …………………………… 043, 048
変形 ………………………………………… 038
ペンツール ………………………… 020, 021
放射線 ……………………………………… 141
ぼかし ……………………………………… 117
他レイヤーを参照(塗りつぶしツール)
　……… 044, 050, 059, 072, 075, 076, 077,
　　　121, 144, 156
他レイヤーを参照選択(自動選択ツール) … 037
細め(テクスチャ) ………………………… 105
保存 ……………………………… 018, 040, 169

ま

マーカーグループ(ペンツール)
　………………………………… 021, 049, 053
マジックペン ……………………………… 049
右回転 ……………………………………… 033
水多め(筆ツール／水彩) ………………… 095
ミリペン …………………………… 021, 053
虫めがねツール ……………………………… 032
明度 ………………………………………… 030
メニューバー ……………………………… 012

や

ややかすれ(筆ツール／墨) ………………… 053
柔らか(エアブラシツール)
　……… 022, 079, 083, 085, 087, 090, 091,
　　　106, 109, 110, 117, 157
油彩 ……………………………… 022, 106, 107
油彩グループ ……………………… 022, 106
油彩平筆 ………………………… 022, 106, 109
用紙テクスチャとして使用 ………………… 119
用紙レイヤー ……… 070, 074, 077, 119, 125
読み込み(ファイルメニュー) ………… 068, 126

ら

ラスタライズ
　………… 019, 026, 068, 126, 128, 139
ラスターレイヤー
　……… 026, 028, 062, 070, 121, 126, 139
リアル鉛筆 ………………………… 058, 096
流線 ………………… 022, 048, 049, 140, 141
領域拡縮 ……………………………… 037, 073
隣接ピクセルをたどる …………… 037, 072
レイヤー移動ツール ……… 020, 118, 127, 128
レイヤーカラー
　……………… 027, 028, 043, 058, 059, 129
レイヤーから色を取得 ………………… 031
レイヤーから選択範囲 ………………… 128
レイヤーの複数選択 …………………… 028

レイヤーパレット ……………… 012, 013, 027
レイヤープロパティパレット
　…………………………… 012, 013, 028
レイヤーマスク
　……… 027, 081, 108, 130, 132, 136, 143,
　　144, 145
レイヤーを削除 ………………………… 027, 079
レイヤーを複製 …………… 028, 124, 126, 166
レイヤーをロック ………………………… 027
レベル補正 ……………………………… 068, 116

わ

ワークスペース ……………………… 015, 168
ワークスペースを登録 ………………… 015
枠線分割 ……………………………… 047, 133

作家紹介 (五十音順)

いっさ
● pixiv
www.pixiv.net/member.
php?id=489309

井上のきあ
● サイト
http://www.slowgun.org/
● Twitter
@yue9

鶯ノキ
● pixiv
www.pixiv.net/member.
php?id=12897275

亀小屋サト
● pixiv
www.pixiv.net/member.
php?id=1601489

せぜり
● サイト
http://sezeri.wixsite.com/
kamenozoki
● pixiv
www.pixiv.net/member.
php?id=12450366
● Twitter
@scls316a

sone
● pixiv
www.pixiv.net/member.
php?id=3093344
● Twitter
@sone_0116

七原しえ
● pixiv
www.pixiv.net/member.
php?id=114086
● Twitter
@nanaharasie

はとはね
● pixiv
www.pixiv.net/member.
php?id=3347592
● Twitter
@kuro_i_tori

フトシ

吉田誠治
● サイト
http://yoshidaseiji.jp/

175

制作スタッフ

[カバーイラスト]　須田彩加
[装丁・DTP]　大沢肇
[本文デザイン]　CIRCLEGRAPH
[制作・執筆]　株式会社サイドランチ
[作例制作]　いっさ、井上のきあ、鶯ノキ、亀小屋サト、せぜり、sone、
　　　　　　七原しえ、はとはね、フトシ、吉田誠治（五十音順）

[編集長]　後藤憲司
[担当編集]　飯原直樹

CLIP STUDIO PAINT PRO
公式ガイドブック

2018年　9月1日　初版第1刷発行
2019年　2月1日　初版第3刷発行

[監修]　　　株式会社セルシス
[発行人]　　山口康夫
[発行]　　　株式会社エムディエヌコーポレーション
　　　　　　　〒101-0051 東京都千代田区神田神保町一丁目105番地
　　　　　　　https://books.mdn.co.jp/
[発売]　　　株式会社インプレス
　　　　　　　〒101-0051 東京都千代田区神田神保町一丁目105番地
[印刷・製本]　株式会社廣済堂

Printed in Japan
©2018 sideranch, CELSYS,Inc., MdN Corporation. All rights reserved.

本書は、著作権法上の保護を受けています。著作権者および株式会社エムディエヌコーポレーションとの書面による事前の同意なしに、本書の一部あるいは全部を無断で複写・複製、転記・転載することは禁止されています。

定価はカバーに表示してあります。

[カスタマーセンター]
造本には万全を期しておりますが、万一、落丁・乱丁などがございましたら、送料小社負担にてお取り替えいたします。お手数ですが、カスタマーセンターまでご返送ください。

■落丁・乱丁本などのご返送先　〒101-0051 東京都千代田区神田神保町一丁目105番地
　　　　　　　　　　　　　　　株式会社エムディエヌコーポレーション カスタマーセンター
　　　　　　　　　　　　　　　TEL：03-4334-2915

■書店・販売店のご注文受付　　株式会社インプレス　受注センター
　　　　　　　　　　　　　　　TEL：048-449-8040 ／ FAX：048-449-8041

[内容に関するお問い合わせ先]
株式会社エムディエヌコーポレーション　カスタマーセンター　メール窓口

info@MdN.co.jp

本書の内容に関するご質問は、Eメールのみの受付となります。メールの件名は「CLIP STUDIO PAINT PRO 公式ガイドブック　質問係」、本文にはお使いのマシン環境（OS、バージョン、搭載メモリなど）をお書き添えください。電話やFAX、郵便でのご質問にはお答えできません。ご質問の内容によりましては、しばらくお時間をいただく場合がございます。また、本書の範囲を超えるご質問に関しましてはお答えいたしかねますので、あらかじめご了承ください。

ISBN978-4-8443-6778-9　C3055